高等学校电子信息类专业系列教材

电子技术实验教程

U0242066

黄梅春　郑　鑫　主　编
张晓洁　杨保海
刘宇霞　黎运宇　副主编
黄　露　曾海燕

DIANZI JISHU
SHIYAN
JIAOCHENG

中国轻工业出版社

图书在版编目（CIP）数据

电子技术实验教程/黄梅春，郑鑫主编. —北京：
中国轻工业出版社，2024.2
高等学校电子信息类专业系列教材
ISBN 978-7-5184-3194-6

Ⅰ.①电… Ⅱ.①黄…②郑… Ⅲ.①电子技术-实
验-高等学校-教材 Ⅳ.①TN33

中国版本图书馆 CIP 数据核字（2020）第 181130 号

策划编辑：崔丽娜　　文字编辑：宋　博　　版式设计：霸　州
责任编辑：崔丽娜　　责任终审：李建华　　封面设计：锋尚设计
责任校对：吴大鹏　　责任监印：张　可

出版发行：中国轻工业出版社（北京鲁谷东街5号，邮编：100040）
印　　刷：河北鑫兆源印刷有限公司
经　　销：各地新华书店
版　　次：2024 年 2 月第 1 版第 2 次印刷
开　　本：787×1092　1/16　印张：15
字　　数：360 千字
书　　号：ISBN 978-7-5184-3194-6　定价：48.00 元
邮购电话：010-85119873
发行电话：010-85119832　010-85119912
网　　址：http://www.chlip.com.cn
Email：club@chlip.com.cn

前　言

随着社会对创新型人才需求的增加，实践教学改革越来越深入，电子信息类专业的人才培养更加强调厚基础、强实践、重创新。在确保基础训练上加强设计应用，实现综合分析设计。实验方法上实现教师从实验辅导到实验引导，使学生在实验中由被动变主动，引导学生学习如何发现问题、分析问题、解决问题，培养学生的实践能力和创新能力。如今电子技术迅猛发展，特别是 EDA（电子设计自动化）技术发展，在现代电子设计技术中占有重要位置，为配合形势需求本书增加了 Multisim 仿真软件实验，将传统硬件实验内容和现代 EDA 实验内容相结合，突出基本技能的培养和计算机技能的培养。

本书是电子技术理论课程的配套实验教材，包含模拟电子技术实验和数字电子技术实验两部分内容，是电子信息类专业实践课程的指导教材。全书共分为七个章节，第一章和第二章是模拟电子技术实验部分，第三章到第七章是数字电子技术实验部分，包含基础实验项目、仿真实验项目、实训项目、综合实验项目、综合实训项目等内容。本书按照由简单到复杂、由单独实验到综合实验的模式编写，让学生循序渐进地掌握电子技术实验的知识。

本书的编写团队由八位长期从事电子技术教学的高校教师组成。其中，黄梅春负责全书总体框架设计、统稿和审校，并编写了第一章和第二章；郑鑫编写了第三章、第四章和第五章，并参与全书的统稿和编校；张晓洁编写了第六章；杨保海编写了第七章；黎运宇、刘宇霞编写了附录；黄露、曾海燕对本书的实验项目进行验证工作。本书是广西民族师范学院教材建设项目"模拟电子技术实验（2015JCJS003）"的研究成果。

本书编写过程中参考了大量的书籍和高校实验设备（如天煌 THDW-M1 型）指导书，在此对所参考书籍的作者表示衷心的感谢！书中的大部分内容已多年服务于教学实践，并根据积累的教学经验进行了不断修订。由于编者水平有限，书中难免会存在不足和疏漏之处，敬请同行和读者批评指正。

编者

目　录

第一章　模拟电子技术实验

实验一　常用电子元器件的识别与检测

一、实验目的

　　1. 学会识别电阻器、电容器、二极管、三极管的常见类型、外观和相关标识。
　　2. 掌握使用万用表等仪器检测电阻器、电容器、二极管、三极管的方法。

二、实验设备与器件

　　1. 模拟电子技术实验装置一台。
　　2. 函数信号发生器、双踪示波器、交流毫伏表、直流数字电压表、万用表各一台。
　　3. 电阻器、电位器、二极管、三极管、电容器若干个。

三、实验原理

　　本实验涉及的实验原理见课本《常用电子元器件》部分内容。

四、实验内容

　　（1）电阻器标称阻值的辨识以及实际阻值的测量，完成表 1-1-1。

表 1-1-1　　　　　　　　　　　　电阻器阻值的识别与检测

序号	电阻器标注色环颜色顺序	标称阻值及误差（由色环写出）	万用表欧姆档档位选择	测量电阻（万用表测）
1				
2				
3				
4				

　　（2）电容器类型、极性识别以及漏电阻的检测，完成表 1-1-2。

表 1-1-2　　　　　　　　电解电容器容量的识别以及漏电阻的检测

序号	标称容量	万用表欧姆档档位选择	实测绝缘电阻（漏电阻）
1			
2			
3			

　　（3）二极管极性与性能判断，完成表 1-1-3（a）、表 1-1-3（b）。

表 1-1-3（a）　　　　　　　　指针式万用表检测二极管记录表

序号	型号标注	万用表档位选择	正向电阻	万用表档位选择	反向电阻	性能、优劣判断
1						
2						
3						

表 1-1-3（b）　　　　　　　　数字万用表检测二极管记录表

序号	型号标注	万用表档位选择	正向电压	反向电压	管材料	性能、优劣判断
1						
2						
3						

（4）三极管类型与性能检测，完成表 1-1-4（a）、表 1-1-4（b）。

表 1-1-4（a）　　　　　　　　指针式万用表检测三极管记录表

型号	类型	万用表档位选择	b-e电阻	e-b电阻	b-c电阻	c-b电阻	管材料	β（h_{FE}）	性能、优劣判断

表 1-1-4（b）　　　　　　　　数字万用表检测三极管记录表

型号	类型	万用表档位选择	b-e电压	e-b电压	b-c电压	c-b电压	管材料	β（h_{FE}）	性能、优劣判断

五、实验报告要求

1. 整理实验数据，并进行误差分析。
2. 总结利用万用表检测电阻器、电容器、二极管、三极管的一般方法。

六、实验预习要求及思考题

1. 识别电阻器、电容器、二极管、三极管的常见类型、外观和相关标识。
2. 如何使用万用表检测电阻器、电容器、二极管、三极管？

实验二　常用电子仪器的使用

一、实验目的

1. 学会万用表的使用。
2. 学会用示波器测试电压波形、幅度、频率的基本方法。

3. 学会正确调节函数信号发生器频率、幅度的方法。

4. 学会直流电压表、直流电流表、交流毫伏表的使用方法等。

二、实验设备与器件

1. 模拟电子技术实验装置一台。

2. 直流稳压电源、函数信号发生器、双踪示波器、交流毫伏表、直流数字电压表、频率计、万用表各一台。

三、实验原理

在电子技术实验中，经常使用的电子仪器有示波器、函数信号发生器、直流稳压电源、万用表、直流数字电压表、交流毫伏表等。在实验台上，将以上电子仪器与电子电路相互连接，可以完成对电子电路的各种测试。如图 1-2-1 所示，在实验中要综合使用各种电子仪器，可按照信号的流向，以"连线简捷、调节顺手、观察和读数方便"的原则合理布局。接线时注意各仪器的公共接地端应连接在一起，称为"共地"。

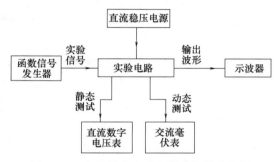

图 1-2-1 电子技术实验中测量仪器连接图

1. 直流稳压电源

为电路提供直流电及能量。

2. 智能直流数字电压（电流）表

直流数字电压表用来测量电路的静态工作点和直流信号的电压值；直流数字电流表用来测量电路的静态工作点和直流信号的电流值。

3. 函数信号发生器

本仪器具有输出函数信号、调频信号、FSK 信号、PSK 信号、频率扫描等信号的功能，输出波形有正弦波、方波和 TTL 波。

（1）UTG6005B 型函数信号发生器的使用方法。

例如，设置输出 $f=1\text{kHz}$，$U=3\text{V}$ 正弦信号，步骤如下：

① 打开电源，按下"CHA"通道键；

② 按下"类型"键，选择左下方"正弦波"；

③ 按下"参数"键；

④ 按下"频率"键→由右侧数字键盘输入"1"→按下单位键"kHz"，此时，屏幕显示"1kHz"；

⑤ 按下"幅度"键→由右侧数字键盘输入"3"→按下单位"V"键，此时，屏幕显示"3V"。

（2）ATF20B＋型函数信号发生器的使用方法。

例如，设置输出 $f=1\text{kHz}$，$U=3\text{V}$ 正弦信号，步骤如下：

① 打开电源，按下"CHA"通道键；

② 按下"Channel/单频"键，选中"A"路单频功能；

③ 按下"sine/正弦波"键；

④ 按下"频率"键→由右侧数字键盘输入"1"→按下单位"kHz"键，此时，屏幕显示"1kHz"；

⑤ 按下"幅度"键→由右侧数字键盘输入"3"→按下单位"V"键，此时，屏幕显示"3V"。

改变频率和幅度进行几组数据的设置练习，最后调出"$f=1$kHz，$U_{p-p}=300$mV"的正弦波信号。

注意：信号发生器输出幅度为电压的峰峰值或有效值，两者的换算关系可以切换，请读者自行思考。

4. 智能真有效值交流数字毫伏表

该表用于测量电路的输入、输出信号的有效值。该表数码显示，自动转换量程，打开电源后将被测电压接入输入端，显示屏将自动显示输入交流电压的有效值。交流数字毫伏表只能在其工作频率范围之内工作，用来测量周期交流信号的有效值。

请用练习信号发生器调出"$f=1$kHz，$U_{p-p}=300$mV"的正弦波信号，再用交流数字毫伏表测量该信号的大小。

5. 数字示波器

示波器的显示屏上所显示的是被测电压随时间变化的波形，即被测电压的瞬时值与时间在直角坐标系中的函数图像。

DS-1000 系列数字示波器有两个信道输入 CH1 和 CH2，还有一个外触发通道 EXT TRIC。

将示波器的校对信号"$f=1$kHz，$U_{p-p}=3$V 方波信号"，接入示波器 CH1 通道，观察记录显示的波形并计算其频率和幅度。

四、实验内容及步骤

1. 直流数字电压表的使用

在实验台上直流稳压电源区分别测量＋5V、－5V、＋12V、－12V 和 0～35V 三组电源的电压值。

2. 函数信号发生器与交流毫伏表的使用

按表 1-2-1 给出的值，用函数信号发生器调节相应的几组信号频率和幅度，并用交流毫伏表测出各幅度的对应有效值，填入表 1-2-1 中。

表 1-2-1　　　　　　　　交流毫伏表测量参数记录表

频率 f/kHz		1	1	0.1
幅度	U_{p-p}(峰峰值)/mV	30	2000	
	U(有效值)/mV			500

3. 示波器的使用

（1）测试"校正信号"的幅度、频率。请将示波器的"校正信号 $f=1$kHz，$U_{p-p}=3$V"的方波信号，接入示波器 CH1 或 CH2 通道，观察记录显示的波形并计算其频率和幅度，将数据对应填入表 1-2-2 中。

表 1-2-2　　　　　　　　　　校准"校正信号"记录表

	标准值	实测值
幅度 U_{p-p}/V		
频率 f/kHz		

（2）用示波器和交流毫伏表测量参数。请用函数信号发生器调出" $f=1\mathrm{kHz}$ ， $U_{p-p}=2\mathrm{V}$ "的正弦波信号，然后送到示波器 CH1 或 CH2 通道，观察记录显示的波形并计算其频率和幅度，将数据对应填入表 1-2-3 中。

表 1-2-3　　　　　　示波器测量交流信号电压、频率实验数据

函数信号发生器输出电压 U_{p-p}/V	示波器屏幕显示峰峰值/(V/div)	示波器屏幕显示峰峰值电压 U_{p-p}/V	电压有效值 U/V	函数信号发生器输出频率 f/kHz	示波器屏幕显示扫描频率/(t/div)	示波器屏幕显示一个信号周期占有格数	信号频率 $f=1/T$
2V				1			

五、实验报告要求

1. 整理测试数据，画出用示波器观察到的实验波形。
2. 简述用示波器测量正弦波的值和用交流毫伏表测量正弦波的值有何不同。
3. 简述使用示波器自动显示被测波形的基本步骤。
4. 简述使用函数信号发生器的基本步骤。

六、实验预习要求及思考题

1. 简述常用电子仪器的使用方法。
2. 正弦交流信号电压有效值与峰峰值之间有什么关系？

实验三　晶体管共射极单管放大电路

一、实验目的

1. 学会放大器静态工作点的调试方法，分析静态工作点对放大器性能的影响。
2. 掌握放大器电压放大倍数、输入电阻、输出电阻及最大不失真输出电压的测试方法。
3. 熟悉常用电子仪器及模拟电路实验设备的使用。

二、实验设备与器件

1. 模拟电子技术实验装置一台。
2. 函数信号发生器、双踪示波器、直流数字电压表、直流数字电流表、万用表各

一台。

　　3. 元器件：晶体三极管 3DG6（$\beta=50\sim100$）或 9011 一片，电阻器、电容器若干个。

三、实验原理

　　图 1-3-1 为电阻分压式工作点稳定单管放大器的实验电路图。它的偏置电路采用由 R_{B1} 和 R_{B2} 组成的分压电路，并在发射极中接有电阻 R_E，以稳定放大器的静态工作点。当在放大器的输入端加入输入信号 U_i 后，在放大器的输出端便可得到一个与 U_i 相位相反、幅值被放大了的输出信号 U_o，从而实现了电压放大。

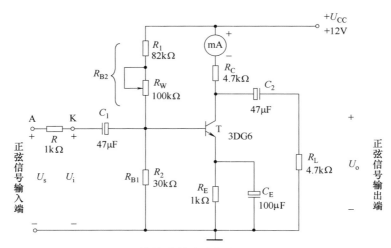

图 1-3-1　晶体管共射极单管放大器实验电路图

　　在图 1-3-1 所示电路中，当流过偏置电阻 R_{B1} 和 R_{B2} 的电流远大于晶体管 T 的基极电流 I_B 时（一般为 5～10 倍），则它的静态工作点和性能指标可用下式估算。

　　静态工作点

$$U_B \approx \frac{R_{B1}}{R_{B1}+R_{B2}} U_{CC} \quad I_E \approx \frac{U_B-U_{BE}}{R_E} \approx I_C$$

$$U_{CE} = U_{CC} - I_C(R_C + R_E)$$

　　电压放大倍数

$$A_V = -\beta \frac{R_C /\!/ R_L}{r_{be}} \quad r_{be} = 200 + (1+\beta)\frac{26}{I_E}$$

　　输入电阻　　$R_i = R_{B1} /\!/ R_{B2} /\!/ r_{be}$

　　输出电阻　　$R_o \approx R_C$

1. 放大器静态工作点的测量与调试

　　（1）静态工作点的调试。放大器静态工作点的调试是指对管子集电极电流 I_C（或 U_{CE}）的调整与测试。

　　静态工作点是否合适，对放大器的性能和输出波形都有很大影响。如工作点偏高，放大器在加入交流信号以后易产生饱和失真，此时 U_o 的负半周将被削底，如图 1-3-2（a）所示；如工作点偏低则易产生截止失真，即 U_o 的正半周被缩顶（一般截止失真不如饱和失真明显），如图 1-3-2（b）所示。这些情况都不符合不失真放大的要求。所以在选定工作点以后还必须进行动态调试，即在放大器的输入端加入一定的输入电压 U_i，检查输出电压 U_o 的大小和波形是否满足要求。如不满足，则应调节静态工作点的位置。

改变电路参数 U_{CC}、R_C、R_B（R_{B1}、R_{B2}）都会引起静态工作点的变化，如图 1-3-3 所示。但通常多采用调节偏置电阻 R_{B2} 的方法来改变静态工作点，如减小 R_{B2}，则可使静态工作点提高等。

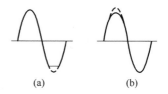

图 1-3-2　静态工作点对 U_o 波形失真的影响

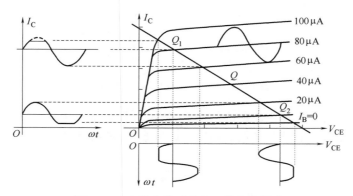

图 1-3-3　电路参数对静态工作点的影响

最后还要说明的是，上面所说的工作点"偏高"或"偏低"不是绝对的，是相对于信号的幅度而言，如输入信号幅度很小，即使工作点较高或较低也不一定会出现失真。所以确切地说，产生波形失真是信号幅度与静态工作点设置配合不当所致。如需满足较大信号幅度的要求，静态工作点最好尽量靠近交流负载线的中点。

（2）静态工作点的测量。调试好静态工作点后，测量放大器的静态工作点，应在输入信号 $U_i = 0$ 的情况下进行，即将放大器输入端与地端短接，然后选用量程合适的直流电流表和直流电压表，分别测量晶体管的集电极电流 I_C 以及各电极对地的电位 U_B、U_C 和 U_E。一般在实验中，为了避免断开集电极，可以采用测量电压 U_E 或 U_C，然后算出 I_C 的方法。

$$I_C \approx I_E = \frac{U_E}{R_E} \left(\text{或 } I_C = \frac{U_{CC} - U_C}{R_C} \right)$$

$$U_{BE} = U_B - U_E, \quad U_{CE} = U_C - U_E$$

2. 放大器动态指标测试

放大器动态指标包括电压放大倍数、输入电阻、输出电阻、最大不失真输出电压（动态范围）和通频带等。

（1）电压放大倍数 A_V 的测量。按图 1-3-1 所示电路调整放大器到合适的静态工作点，然后加入输入电压 U_i，在输出电压 U_o 不失真的情况下，用交流毫伏表测出 U_i 和 U_o 的有效值 U_i 和 U_o，则

$$A_V = \frac{U_o}{U_i}$$

（2）输入电阻 R_i。为了测量放大器的输入电阻，按图 1-3-4 所示电路在被测放大器的输入端与信号源之间串入一已知电阻 R，在放大器正常工作的情况下，用交流毫伏表测出 U_S 和 U_i，则根据输入电阻的定义可得

$$R_i = \frac{U_i}{I_i} = \frac{U_i}{\dfrac{U_R}{R}} = \frac{U_i}{U_S - U_i}R$$

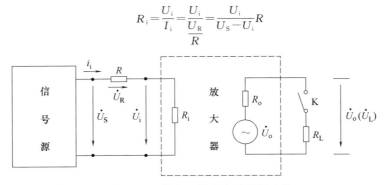

图 1-3-4　输入、输出电阻测量电路

（3）输出电阻 R_o。按图 1-3-4 所示电路，在放大器正常工作条件下，测出输出端不接负载 R_L 的输出电压 U_o 和接入负载后的输出电压 U_L，根据公式

$$U_L = \frac{R_L}{R_o + R_L}U_o$$

即可求出

$$R_o = \left(\frac{U_o}{U_L} - 1\right)R_L$$

在测试中应注意，必须保持 R_L 接入前后输入信号的大小不变。

（4）放大器幅频特性的测量。放大器的幅频特性是指放大器的电压放大倍数 A_U 与输入信号频率 f 之间的关系曲线。单管阻容耦合放大电路的幅频特性曲线如图 1-3-5 所示，A_{um} 为中频电压放大倍数，通常规定电压放大倍数随频率变化下降到中频放大倍数的 $1/\sqrt{2}$ 倍，即 $0.707A_{um}$ 所对应的频率分别称为下限频率 f_L 和上限频率 f_H，则通频带 $f_{BW} = f_H - f_L$。

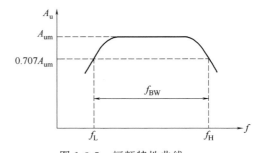

图 1-3-5　幅频特性曲线

放大器的幅率特性就是测量不同频率信号时的电压放大倍数 A_U。为此，可采用前述测 A_U 的方法，每改变一个信号频率，测量其相应的电压放大倍数，测量时应注意取点要恰当，在低频段与高频段应多测几点，在中频段可以少测几点。此外，在改变频率时，要保持输入信号的幅度不变，且输出波形不得失真。

四、实验内容

1. 静态研究

（1）识别并判断元件的好坏。

（2）按图 1-3-1 连接电路。

（3）接通 +12V 电源和地线，用直流电流表串在三极管集电极回路中，调节 R_W 使 $I_C=1\text{mA}$，然后用直流电压表测三极管各电极对地的电压 U_{BQ}，U_{CQ}，U_{EQ}。拔掉电位器 R_W 上的接线后，用万用表欧姆档测 R_W 接入电路两端的电阻，然后求 R_{B2} 并填入表 1-3-1 中。

表 1-3-1　　　　　　　　　　　　　静态测试及计算表

测量值					理论计算值			
I_{CQ}/mA	U_{BQ}/V	U_{CQ}/V	U_{EQ}/V	$R_{B2}/\text{k}\Omega$	U_{BQ}/V	U_{CEQ}/V	I_{CQ}/mA	$r_{be}/\text{k}\Omega$

2. 动态研究

（1）测量电压放大倍数 A_V。放大器静态工作点不变，在 K 端接入交流信号。将函数信号发生器调到 $f=1\text{kHz}$，$U_i=5\sim10\text{mV}$，用示波器同时观察输入输出波形，并比较它们的相位。用交流毫伏表测量输入输出电压，填入表 1-3-2 中，并计算 A_V。

表 1-3-2　　　　　　　　　　　　电压放大倍数测试记录表

$R_C/\text{k}\Omega$	$R_L/\text{k}\Omega$	U_i/mV	U_o/V	A_V 实验计算值	A_V 理论计算值
4.7	∞				
4.7	4.7				
2.4	4.7				

（2）测量输出电阻 R_o。放大器静态工作点不变，$R_C=4.7\text{k}\Omega$，$R_L=4.7\text{k}\Omega$，在 K 端接入 $f=1\text{kHz}$，$U_i=5\sim10\text{mV}$ 的正弦信号，在输出电压 U_o 不失真的情况下，用交流毫伏表测出负载两端的输出电压 U_L。保持 U_i 不变，断开 R_L，测量空载时输出电压 U_o，记入表 1-3-3 中。

（3）测量输入电阻 R_i。放大器静态工作点不变，在 A 端接入 $f=1\text{kHz}$，$U_i=5\sim10\text{mV}$ 的正弦信号。在输出电压 U_o 不失真的情况下，用交流毫伏表测出 U_S、U_i 记入表 1-3-3 中。

表 1-3-3　　　　　　　　　　测量输入电阻和输出电阻记录表

U_S/mV	U_i/mV	$R_i/\text{k}\Omega$		U_L/V ($R_L=4.7\text{k}\Omega$)	U_o/V $R_L=\infty$	$R_o/\text{k}\Omega$	
		实验计算值	理论计算值			实验计算值	理论计算值

（4）测量幅频特性曲线。放大器静态工作点不变，在 K 端接入 $f=1\text{kHz}$，$U_i=5\sim10\text{mV}$ 的正弦信号，保持输入信号 U_i 的幅度不变，改变信号源频率 f，逐点测出相应的输出电压 U_o，记入表 1-3-4 中。

表 1-3-4　　　　　　　测量幅频特性曲线记录表 $U_i = $ _____ mV

频率		f_l	f_o	f_n	
f/kHz					
U_o/V					
$A_V = U_o/U_i$					

（5）观察静态工作点对输出波形失真的影响。置 $R_C = 4.7\text{k}\Omega$　　$R_L = 4.7\text{k}\Omega$ 加大输入信号，使输出电压 U_o 足够大但不失真。然后保持输入信号不变，将 R_W 电阻增到最大或减到最小，使波形出现失真，绘出 U_o 的波形，并测出失真情况下的 I_C 和 U_{CE} 值，记入表 1-3-5 中。每次测 I_C 和 U_{CE} 值时都要将信号源的输出置零。

表 1-3-5　　　　测试静态工作点对输出波形失真影响的记录表 $U_i = $ _____ mV

R_W/kΩ	I_C/mA	U_{CE}/V	U_o 波形	失真情况	管子工作状态
最小			（U_o 对 t 坐标图）		
最佳工作点	1		（U_o 对 t 坐标图）		
最大			（U_o 对 t 坐标图）		

五、实验报告要求

1. 列表整理测量结果，并把实测的静态工作点、电压放大倍数、输入电阻、输出电阻值与理论计算值比较（取一组数据进行比较），分析产生误差的原因。

2. 总结 R_C，R_L 及静态工作点对放大器电压放大倍数、输入电阻、输出电阻的影响。

3. 讨论静态工作点变化对放大器输出波形的影响。

六、实验预习要求及思考题

1. 静态工作点对放大器电压放大倍数、输入电阻、输出电阻的影响。

2. 放大电路静态工作点和性能指标的估算。

3. 产生失真的原因是什么？

实验四　场效应管放大器

一、实验目的

1. 了解结型场效应管的性能和特点。
2. 进一步熟悉放大器动态参数的测试方法。

二、实验设备与器件

1. 模拟电子技术实验装置一台。
2. 函数信号发生器、双踪示波器、交流毫伏表、直流数字电压表、万用表各一台。
3. 元器件：结型场效应管 3DJ6F 一片，电阻器、电容器若干个。

三、实验原理

场效应管是一种电压控制型器件。按结构可分为结型和绝缘栅型两种类型。由于场效应管栅源之间处于绝缘或反向偏置，所以输入电阻很高（一般可达上百兆欧）。又由于场效应管是一种多数载流子控制器件，因此热稳定性好、抗辐射能力强、噪声系数小。加之其制造工艺较简单，便于大规模集成，因此得到了越来越广泛的应用。

1. 结型场效应管的特性和参数

场效应管的特性主要有输出特性和转移特性。如图 1-4-1 所示为 N 沟道结型场效应管 3DJ6F 的输出特性和转移特性曲线。其直流参数主要有饱和漏极电流 I_{DSS}，夹断电压 U_P 等。交流参数主要有低频跨导：

$$g_m = \frac{\Delta I_D}{\Delta U_{GS}} \mid U_{DS} = 常数$$

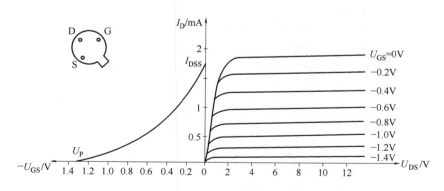

图 1-4-1　3DJ6F 的输出特性和转移特性曲线

表 1-4-1 列出了 3DJ6F 的典型参数值及测试条件。

2. 场效应管放大器性能分析

如图 1-4-2 所示为结型场效应管组成的共源级放大电路。

静态工作点：

$$U_{GS} = U_G - U_S = \frac{R_{g1}}{R_{g1} + R_{g2}} U_{DD} - I_D R_S$$

$$I_D = I_{DSS} \left(1 - \frac{U_{GS}}{U_P}\right)^2$$

表 1-4-1   **3DJ6F 的典型参数值及测试条件**

参数名称	饱和漏极电流 I_{DSS}/mA	夹断电压 U_P/V	跨导 g_m/$(\mu A/V)$
测试条件	$U_{DS}=10V$ $U_{GS}=0V$	$U_{DS}=10V$ $I_{DS}=50\mu A$	$U_{DS}=10V$ $I_{DS}=3mA$ $f=1kHz$
参数值	$1\sim3.5$	$<1\sim91$	>100

中频电压放大倍数：$A_V = -g_m R_L' = -g_m R_D /\!/ R_L$

输入电阻：$R_i = R_G + R_{g1} /\!/ R_{g2}$

输出电阻：$R_o \approx R_D$

式中跨导 g_m 可由特性曲线用作图法求得，或用公式

$$g_m = -\frac{2I_{DSS}}{U_P}\left(1 - \frac{U_{GS}}{U_P}\right)$$

计算。但要注意，计算时 U_{GS} 要用静态工作点处的数值。

3. 输入电阻的测量方法

场效应管放大器的静态工作点、电压放大倍数和输出电阻的测

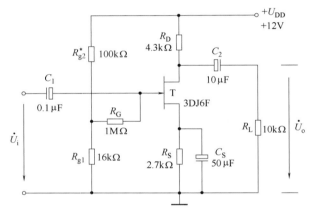

图 1-4-2   结型场效应管共源级放大器

量方法，与实验二中晶体管放大器的测量方法相同。其输入电阻的测量，从原理上讲，也可以采用实验二中所述的方法，但由于场效应管的 R_i 比较大，如直接测输入电压 U_S 和 U_i，则限于测量仪器的输入电阻有限，必然会带来较大的误差。因此为了减小误差，常利用被测放大器的隔离作用，通过测量输出电压 U_o 来计算输入电阻。测量电路如图 1-4-3 所示。

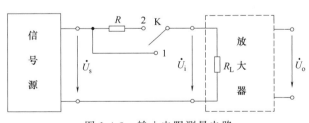

图 1-4-3   输入电阻测量电路

在放大器的输入端串入电阻 R，把开关 K 搬向位置 1（即使 $R=0$），测量放大器的输出电压 $U_{o1} = A_V U_S$；保持 U_S 不变，再把 K 搬向 2（即接入 R），测量放大器的输出电压 U_{o2}。由于两次测量中 A_V 和 U_S 保持不变，故

$$U_{o2} = A_V U_i = \frac{R_i}{R + R_i} U_S A_V \quad \text{由此可以求出}$$

$$R_i = \frac{U_{o2}}{U_{o1} - U_{o2}} R$$

式中 R 和 R_i 不要相差太大，本实验可取 $R = 100 \sim 200\text{k}\Omega$。

四、实验内容

1. 静态工作点的测量和调整

（1）接图 1-4-2 所示连接电路，令 $U_i = 0$，接通 +12V 电源，用直流电压表测量 U_G、U_S 和 U_D。检查静态工作点是否在特性曲线放大区的中间部分。如合适则把结果记入表 1-4-2 中。

（2）若不合适，则适当调整 R_{g2} 和 R_S，调好后，再测量 U_G、U_S 和 U_D，将结果记入表 1-4-2 中。

表 1-4-2　　　　　　　　　　静态工作点的测量

测量值						计算值		
U_G/V	U_S/V	U_D/V	U_{DS}/V	U_{GS}/V	I_D/mA	U_{DS}/V	U_{GS}/V	I_D/mA

2. 电压放大倍数 A_V、输入电阻 R_i 和输出电阻 R_o 的测量

（1）A_V 和 R_o 的测量。在放大器的输入端加入 $f = 1\text{kHz}$ 的正弦信号 U_i（50～100mV），并用示波器监视输出电压 U_o 的波形。在输出电压 U_o 没有失真的条件下，用交流毫伏表分别测量 $R_L = \infty$ 和 $R_L = 10\text{k}\Omega$ 时的输出电压 U_o（注意：保持 U_i 幅值不变），记入表 1-4-3 中。

表 1-4-3　　　　　　　　　　电压放大倍数和输出电阻的测量

测量值				计算值		U_i 和 U_o 波形
	U_i/V	U_o/V	A_V	$R_o/\text{k}\Omega$	A_V	$R_o/\text{k}\Omega$	
$R_L = \infty$							
$R_L = 10\text{k}\Omega$							

用示波器同时观察 U_i 和 U_o 的波形，描绘出来并分析它们的相位关系。

（2）R_i 的测量。按图 1-4-3 所示改接实验电路，选择合适大小的输入电压 U_S（50～100mV），将开关 K 掷向"1"，测出 $R = 0$ 时的输出电压 U_{o1}，然后将开关掷向"2"（接入 R），保持 U_S 不变，再测出 U_{o2}，根据公式

$$R_i = \frac{U_{o2}}{U_{o1} - U_{o2}} R$$

求出 R_i，记入表 1-4-4 中。

表 1-4-4		输入电阻的测量	
测 量 值			计 算 值
U_{o1}/V	U_{o2}/V	$R_i/k\Omega$	$R_i/k\Omega$

五、实验报告要求

1. 整理实验数据，将测得的 A_V、R_i、R_o 和理论计算值进行比较。

2. 把场效应管放大器与晶体管放大器进行比较，总结场效应管放大器的特点。

3. 分析测试中的问题，总结实验收获。

六、实验预习要求及思考题

1. 复习有关场效应管部分内容，并分别用图解法与计算法估算管子的静态工作点（根据实验电路参数），求出工作点处的跨导 g_m。

2. 场效应管放大器输入回路的电容 C_1 为什么可以取得小一些（可以取 $C_1 = 0.1\mu F$）？

3. 在测量场效应管静态工作电压 U_{GS} 时，能否用直流电压表直接并在 G、S 两端测量？为什么？

实验五　射极跟随器

一、实验目的

1. 掌握射极跟随器的特性及测试方法。

2. 进一步学习放大器各项参数测试方法。

二、实验设备与器件

1. 模拟电子技术实验装置一台。

2. 函数信号发生器、双踪示波器、交流毫伏表、直流数字电压表、频率计、万用表各一台。

3. 元器件：3DG12（$\beta = 50 \sim 100$）或 9013（3DG6）一片，电阻器、电容器若干个。

三、实验原理

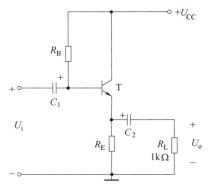

射极跟随器的原理图如图 1-5-1 所示。它具有输入高电阻、输出电阻低、电压放大倍数接近于 1、输出电压能够在较大范围内跟随输入电压作线性变化以及输入/输出信号相等特点。射极跟随器的输出取自发射极，故称其为射极输出器，也称为共集电路。

图 1-5-1　射极跟随器原理图

1. 理论计算公式

静态工作点：

$$I_{BQ} = \frac{U_{CC} - U_{BE}}{R_B + (1+\beta)R_E}$$

$$I_{CQ} = \beta I_{BQ}$$

$$U_{CEQ} = U_{CC} - I_{EQ}R_E$$

电压放大倍数：

$$A_V = \frac{(1+\beta)(R_E /\!/ R_L)}{r_{be} + (1+\beta)(R_E /\!/ R_L)} \leqslant 1$$

输入电阻：

$$R_i = r_{be} + (1+\beta)R_E$$

如考虑偏置电阻 R_B 和负载 R_L 的影响，则

$$R_i = R_B /\!/ [r_{be} + (1+\beta)(R_E /\!/ R_L)]$$

输出电阻：

$$R_o = \frac{r_{he}}{\beta} /\!/ R_E \approx \frac{r_{be}}{\beta}$$

如考虑信号源内阻 R_S，则

$$R_o = \frac{r_{be} + (R_S + R_B)}{\beta} /\!/ R_E \approx \frac{r_{be} + (R_S /\!/ R_B)}{\beta}$$

2. 实验计算公式

静态工作点：

$$I_E = \frac{U_E}{R_E} \qquad U_{CE} = U_C - U_E$$

电压放大倍数：

$$A_V = \frac{U_L}{U_i}$$

输入电阻：

$$R_i = \frac{U_i}{I_i} = \frac{U_i}{U_S - U_i}R$$

输出电阻：

$$R_o = \left(\frac{U_o}{U_L} - 1 \right) R_L$$

四、实验内容

实验电路如图 1-5-2 所示。

1. 静态工作点的调整与测试

按图 1-5-2 所示接线并接通 +12V 直流电源，在 B 点加入 $f = 1\text{kHz}$ $U_i = 2\text{V}$ 的正弦信号，用示波器监视输出 U_o 波形，反复调整 R_W 及信号源 U_i 的输出幅度，使在示波器的屏幕上得到一个最大不失真输出波形，然后置 $U_i = 0$，用直流电压表测量晶体管各电极对地电位，将测得数据记入表 1-5-1 中。

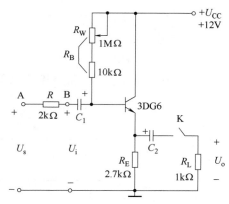

图 1-5-2　射极跟随器实验电路图

表 1-5-1　　　　　　　　　　静态工作点测试记录表

U_E/V	U_B/V	U_C/V	I_E/mA	U_{CE}/V

注意：在下面整个测试过程中应保持 R_W 值不变（即保持工作点 I_E 不变）。

2. 测量电压放大倍数 A_v

接入负载 $R_L = 1k\Omega$，加入 $f = 1kHz$ $U_i = 2V$ 的正弦信号，调节输入信号幅度，用示波器观察输出波形 U_o，在输出最大不失真情况，用交流毫伏表测 U_i、U_o 值。记入表 1-5-2 中。

表 1-5-2　　　　　　　　　　测量电压放大倍记录表

U_i/V	U_o/V	A_v

3. 测量输出电阻 R_o

接上负载 $R_L = 1k\Omega$，加入 $f = 1kHz$ $U_i = 2V$ 的正弦信号，用示波器监视输出波形，测空载输出电压 U_o，有负载时输出电压 U_L，记入表 1-5-3 中。

表 1-5-3　　　　　　　　　　测量输出电阻记录表

U_o/V	U_L/V	R_o/Ω

4. 测量输入电阻 R_i

在 A 点加入 $f = 1kHz$ $U_i = 2V$ 的正弦信号，用示波器监视输出波形，在输出最大不失真情况下，用交流毫伏表分别测出 A 点和 B 点对地的电压 U_s、U_i，记入表 1-5-4 中。

表 1-5-4　　　　　　　　　　测量输入电阻记录表

U_s/V	U_i/V	$R_i/k\Omega$

5. 测试跟随特性

接入负载 $R_L = 1k\Omega$，在 B 点加入 $f = 1kHz$ $U_i = ?$ 的正弦信号，逐渐增大信号 U_i 幅度，用示波器检视输出波形直至输出波形达最大不失真，测量对应的 U_L 值，记入表 1-5-5 中。

表 1-5-5　　　　　　　　　　测试跟随特性记录表

U_i/V	
U_L/V	

五、实验报告要求

1. 记录和整理实验数据，并画出曲线 $U_L = f(U_i)$ 及 $U_L = f(f)$ 曲线。
2. 说明射极跟随器的性能和特点。
3. 总结实验过程中遇到的问题及其解决方法。

六、实验预习要求及思考题

1. 射极跟随器的性能和特点。

2. 放大电路静态工作点和性能指标的估算。

3. 如何调试电路达到最大不失真？

实验六　差动放大器

一、实验目的

1. 加深对差动放大器性能及特点的理解。

2. 掌握差动放大器静态工作点的调试及测试方法。

3. 掌握差动放大器主要性能指标的测试方法。

二、实验设备与器件

1. 模拟电子技术实验装置一台。

2. 函数信号发生器、双踪示波器、交流毫伏表、直流数字电压表、频率计、万用表各 1 台。

3. 元器件：晶体三极管 3DG6 三片，电阻器、电容器若干个。

三、实验原理

差动放大器也称为差分放大器，它由两个元件参数相同的基本共射放大电路组成。如图 1-6-1 所示是差动放大器的实验电路图。

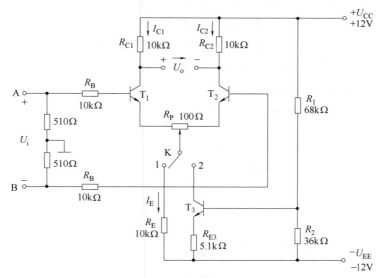

图 1-6-1　差动放大器实验电路图

当开关 K 拨向左边"1"时，构成典型的差动放大器。电位器 R_W 用来调节 T_1、T_2 管的静态工作点，使得输入信号 $U_i = 0$ 时，双端输出电压 $U_o = 0$。R_E 为两管共用的发射极电阻，它对差模信号无负反馈作用，因而不影响差模电压放大倍数，但对共模信号有较强的负反馈作用，可以有效地抑制零漂，稳定静态工作点。

当开关 K 拨向右边"2"时，构成具有恒流源的差动放大器。它用晶体管恒流源代替发射极电阻 R_E，对差模信号没有影响，但可以进一步提高差动放大器抑制共模信号的能力。

1. 静态工作点的估算

理论计算公式：

典型电路：

$$I_E \approx \frac{|U_{EE}| - U_{BE}}{R_E} \quad (\text{认为 } U_{B1} = U_{B2} \approx 0)$$

$$I_{C1} = I_{C2} = \frac{1}{2} I_E$$

带恒流源电路：

$$I_{C3} \approx I_{E3} \approx \frac{\dfrac{R_2}{R_1 + R_2}(U_{CC} + |U_{EE}|) - U_{BE}}{R_{E3}}$$

$$I_{C1} = I_{C2} = \frac{1}{2} I_{C3}$$

实验计算公式：

$$I_{C1} = \frac{U_{CC} - U_{C1}}{R_{C1}} \quad I_{C2} = \frac{U_{CC} - U_{C2}}{R_{C2}}$$

$$I_{B1} = \frac{0 - U_{B1}}{R_B} \quad I_{B2} = \frac{0 - U_{B2}}{R_B}$$

$$U_{CE1} = U_{C1} - U_{E1} \quad U_{CE2} = U_{C2} - U_{E2}$$

2. 差模电压放大倍数和共模电压放大倍数

差模信号：是指当 A 端与 B 端所加信号为大小相等且极性相反时的输入信号。

共模信号：是指当 A 端与 B 端所加信号为大小相等且极性相同时的输入信号。

当差分放大器的射极电阻 R_E 足够大，或者采用恒流偏置电路时，差模电压放大倍数 A_{Vd} 由输出端方式决定，而与输入方式无关，故本实验中测量差模电压放大倍数时，使用单端输入。输出方式分为双端输出和单端输出。

理论计算公式：

双端输出：$R_E = \infty$，R_W 在中心位置，

$$A_{Vd} = \frac{\Delta U_o}{\Delta U_i} = -\frac{\beta R_C}{R_B + r_{be} + \frac{1}{2}(1+\beta) R_P}$$

单端输出：

$$A_{Vd1} = \frac{\Delta U_{C1}}{\Delta U_i} = \frac{1}{2} A_{Vd}$$

$$A_{Vd2} = \frac{\Delta U_{C2}}{\Delta U_i} = -\frac{1}{2} A_{Vd}$$

当输入共模信号时，若为单端输出，则有：

$$A_{VC1} = A_{VC2} = \frac{\Delta U_{C1}}{\Delta U_i} = \frac{-\beta R_C}{R_B + r_{be} + (1+\beta)\left(\frac{1}{2} R_P + 2R_E\right)} \approx -\frac{R_C}{2R_E}$$

若为双端输出，在理想情况下：

$$A_{VC} = \frac{\Delta U_o}{\Delta U_i} = 0$$

实际上由于元件不可能完全对称，因此 A_C 也不会绝对等于 0。

实验计算公式：$A_{Vd1} = \dfrac{U_{C1}}{U_i}$ $A_{Vd2} = \dfrac{U_{C2}}{U_i}$ $A_{VC1} = \dfrac{U_{C1}}{U_i}$ $A_{VC2} = \dfrac{U_{C2}}{U_i}$

3. 共模抑制比 K_{CMR}

为了表征差动放大器对有用信号（差模信号）的放大作用和对共模信号的抑制能力，通常用一个综合指标来衡量，即共摸抑制比 K_{CMR}。

$$K_{CMR} = \left| \frac{A_{Vd}}{A_C} \right| \quad \text{或} \quad K_{CMR} = 20\lg \left| \frac{A_{Vd}}{A_C} \right| \text{(dB)}$$

实验计算公式：$K_{CMR} = \left| \dfrac{A_{Vd1}}{A_{VC1}} \right|$ 或 $K_{CMR} = \left| \dfrac{A_{Vd2}}{A_{VC2}} \right|$

四、实验内容

1. 典型差动放大器性能测试

按图 1-6-1 所示连接实验电路，将开关 K 拨向左边"1"，构成典型差动放大器。

（1）测量静态工作点。

① 调节放大器零点。

将放大器输入端 A、B 与地相接，接通 ±12V 直流电源，用直流电压表直接跨接 T_1、T_2 管的集电极之间测量输出电压 U_o。调节调零电位器 R_W，使 $U_o = 0$，调节要仔细，力求准确。

② 测量静态工作点。

零点调好以后，用直流电压表测量 T_1、T_2 管各电极对地电位及射极电阻 R_E 两端电压 U_{RE}，并计算 I_B、I_C、U_{CE}，记入表 1-6-1 中。

表 1-6-1 静态工作点测量记录表

	U_{C1}/V	U_{B1}/mV	U_{E1}/V	U_{C2}/V	U_{B2}/mV	U_{E2}/V	U_{RE}/V
测量值							
	I_{C1}/mA	I_{C2}/mA	I_{B1}/mA	I_{B2}/mA	U_{CE1}/V		U_{CE2}/V
计算值							

（2）测量差模电压放大倍数 A_{Vd}。接通 ±12V 直流电源和地，在放大器输入 A 端接 $f = 1kHz$，$U_i = 100mV$ 的正弦信号，而 B 端接地，构成单端输入。用示波器观察输出电压 U_o 波形不失真情况下，用交流毫伏表测量 U_i、U_{C1}、U_{C2}，记入表 1-6-2 中，并观察 U_i、U_{C1}、U_{C2} 之间的相位关系。

（3）测量共模电压放大倍数 AC。在放大器输入 A 端和 B 端同时接入 $f = 1kHz$，$U_i = 1V$ 的正弦信号，构成共模输入方式，用示波器观察输出电压 U_o。波形不失真情况下，用交流毫伏表测量 U_i、U_{C1}、U_{C2} 记入表 1-6-2 中，并观察 U_i、U_{C1}、U_{C2} 之间的相位关系。

2. 具有恒流源的差动放大电路性能测试

将如图 1-6-1 所示电路中开关 K 拨向右边"2"，构成具有恒流源的差动放大电路。

重复内容上文（2）、（3）的要求，结果记入表 1-6-2 中。

表 1-6-2　　　　　　差动放大器差模和共模信号参数测量记录表

电路形式	输入方式	U_i/V	U_{C1}/V	U_{C2}/V	U_o/V	A_{Vd1}	A_{Vd2}	A_{VC1}	K_{CMR}
K 置"1" 典型差放	差模输入							X	
	共模输入					X	X		
K 置"2" 带恒流源差放	差模输入							X	
	共模输入					X	X		

注：$A_{Vd1} = \dfrac{U_{C1}}{U_i}$　$A_{VC1} = \dfrac{U_{C1}}{U_i}$　$K_{CMR} = \left| \dfrac{A_{Vd1}}{A_{VC1}} \right|$

五、实验报告要求

1. 整理实验数据，列表比较实验结果和理论估算值，分析误差产生的原因。
2. 比较 U_i、U_{C1}、U_{C2} 之间的相位关系。
3. 根据实验结果，简要说明 R_E 和恒流源的作用。

六、实验预习要求及思考题

1. 差动放大器的性能及特点。
2. 性能指标的估算。
3. 区分差模与共模信号。

实验七　负反馈放大器

一、实验目的

1. 掌握多级放大器放大倍数与各级放大倍数的关系。
2. 理解放大电路中引入负反馈的方法。
3. 掌握负反馈对放大器各项性能指标的影响。

二、实验设备与器件

1. 模拟电子技术实验装置一台。
2. 函数信号发生器、双踪示波器、交流毫伏表、直流数字电压表、频率计、万用表各 1 台。
3. 元器件：晶体三极管 3DG6（$\beta = 50 \sim 100$）或 9011 两片，电阻器、电容器若干个。

三、实验原理

负反馈在电子电路中有着非常广泛的应用。虽然它使放大器的放大倍数降低，但它能在改善放大器的多项动态指标，如稳定放大倍数、改变输入/输出电阻、减小非线性失真和展宽通频带等。因此，几乎所有的实用放大器都带有负反馈。

　　负反馈放大器有四种组态，即电压串联、电压并联、电流串联、电流并联。本实验以电压串联负反馈为例，分析负反馈对放大器各项性能指标的影响。

　　图 1-7-1 为多级放大与电压串联负反馈的两级阻容耦合放大电路，开关 K 断开处于开环状态，开关 K 闭合处于闭环状态，在电路中通过 R_f 把输出电压 U_o 引回到输入端，加在晶体管 T_1 的发射极上，在发射极电阻 R_{F1} 上形成反馈电压 U_f。根据反馈的判断法可知，它属于电压串联负反馈。

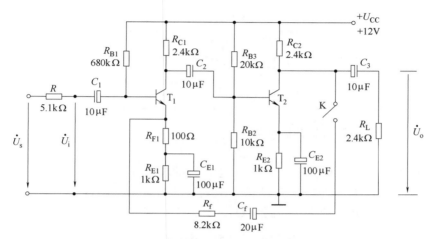

图 1-7-1　多级放大与电压串联负反馈放大器

1. 多级放大器

多级放大器的放大倍数：$A_{un}=A_{u1}\times A_{u2}\times A_{u3}\times\cdots\times A_{un}$

多级放大器的输入电阻：$R_i=R_{i1}$

多级放大器的输出电阻：$R_o=R_{on}$

2. 负反馈放大器

主要性能指标如下：

（1）闭环电压放大倍数。

$$A_{Vf}=\frac{A_V}{1+A_V F_V}$$

其中　$A_V=U_o/U_i$——基本放大器（无反馈）的电压放大倍数，即开环电压放大倍数。

　　　$1+A_V F_V$——反馈深度，它的大小决定了负反馈对放大器性能改善的程度。

（2）反馈系数。

$$F_V=\frac{R_{F1}}{R_f+R_{F1}}$$

（3）输入电阻。

$$R_{if}=(1+A_V F_V)R_i$$

　　　R_i——基本放大器的输入电阻。

（4）输出电阻。

$$R_{of}=\frac{R_o}{1+A_{Vo}F_V}$$

　　　R_o——基本放大器的输出电阻

A_{Vo}——基本放大器 $R_L=\infty$ 时的电压放大倍数

四、实验内容

1. 测量静态工作点

按图 1-7-1 所示连接实验电路，取 $U_{CC}=+12V$，$U_i=0$，用直流电压表分别测量第一级、第二级的静态工作点，记入表 1-7-1 中。

表 1-7-1   **静态工作点**

	U_B/V	U_E/V	U_C/V	I_C/mA
第一级				
第二级				

2. 测试基本放大器的各项性能指标

断开开关 K。

（1）测量中频电压放大倍数 A_V，输入电阻 R_i 和输出电阻 R_o。

① 以 $f=1kHz$，U_S 约 $5mV$ 正弦信号输入放大器，用示波器监视输出波形 U_o，在 U_o 不失真的情况下，用交流毫伏表测量 U_S、U_i、U_L，记入表 1-7-2 中。

表 1-7-2   **动态参数测试及计算**

	测量值					计算值				
开环	U_S /mV	U_i /mV	U_{o1} /V	U_L /V	U_o /V	A_{V1}	A_{V2}	A_V	R_i /kΩ	R_o/kΩ
闭环	U_S /mV	U_i /mV	U_{o1} /V	U_L /V	U_o /V	A_{V1}	A_{V2}	A_V	R_{if} /kΩ	R_{of} /kΩ

② 保持 U_S 不变，断开负载电阻 R_L（注意，R_f 不要断开），测量空载时的输出电压 U_o，记入表 1-7-2 中。

实验计算公式：$$A_{u1}=\frac{U_{o1}}{U_i} \quad A_{u2}=\frac{U_L}{U_{o1}} \quad A_u=\frac{U_L}{U_i}$$

$$R_i=\frac{U_i}{U_S-U_i}R \quad R_o=\left(\frac{U_o}{U_L}-1\right)R_L$$

（2）测量通频带。接上 R_L，保持（1）中的 U_S 不变，然后增加和减小输入信号的频率，找出上、下限频率 f_H 和 f_L，记入表 1-7-3 中。

3. 测试负反馈放大器的各项性能指标

（1）测量中频电压放大倍数 A_{Vf} 输入电阻 R_{if} 和输出电阻 R_{of}。闭合开关 K，将实验电路恢复为图 1-7-1 所示的负反馈放大电路。适当加大 U_S（约 $10mV$），在输出波形不失真的条件下，测量负反馈放大器的 A_{Vf}、R_{if} 和 R_{of}，记入表 1-7-2 中；

（2）测量通频带。接上 R_L，保持上一步骤中的 U_S 不变，然后增加和减小输入信号的频率，找出上、下限频率 f_{H_f} 和 f_{L_f}，记入表 1-7-3 中。

表 1-7-3 通频带测量

基本放大器	f_L/kHz	f_H/kHz	$\Delta f/\text{kHz}$
负反馈放大器	f_{Lf}/kHz	f_{Hf}/kHz	$\Delta f_f/\text{kHz}$

4. 观察负反馈对非线性失真的改善

（1）将实验电路开关 K 断开，在输入端加入 $f=1\text{kHz}$ 的正弦信号，输出端接示波器，逐渐增大输入信号的幅度，使输出波形开始出现失真，记下此时的波形和输出电压的幅度。

（2）再将实验电路开关 K 闭合，增大输入信号幅度，使输出电压幅度的大小与（1）中的相同，比较有负反馈时输出波形的变化。

五、实验报告要求

1. 将基本放大器和负反馈放大器动态参数的实测值和理论估算值列表进行比较。
2. 根据实验结果，总结电压串联负反馈对放大器性能的影响。

六、实验预习要求及思考题

1. 复习教材中有关负反馈放大器的内容。
2. 按实验电路 1-7-1 估算放大器的静态工作点（取 $\beta_1=\beta_2=100$）。
3. 怎样把负反馈放大器改接成基本放大器？为什么要把 R_f 并接在输入端和输出端？
4. 估算开环时基本放大器的 A_V、R_i 和 R_o；估算闭环时负反馈放大器的 A_{Vf}、R_{if} 和 R_{of}，并验算它们之间的关系。

实验八 OTL 功率放大器

一、实验目的

1. 理解 OTL 功率放大器的工作原理。
2. 学会 OTL 电路的调试及主要性能指标的测试方法。

二、实验设备与器件

1. 模拟电子技术实验装置一台。
2. 函数信号发生器、双踪示波器、交流毫伏表、直流数字电压表、频率计、万用表各一台。
3. 元器件：晶体三极管 3DG6（9011）、3DG12（9013）、3CG12（9012）、晶体二极管

IN4007 各一片，电阻器、电容器若干个。

三、实验原理

如图 1-8-1 所示为 OTL 低频功率放大器电路。其中由晶体三极管 T_1 组成推动级（也称前置放大级），T_2、T_3 是一对参数对称的 NPN 和 PNP 型晶体三极管，它们组成互补推挽 OTL 功放电路。由于每一个管子都接成射极输出器形式，因此具有输出电阻低、负载能力强等优点，适合作功率输出级。

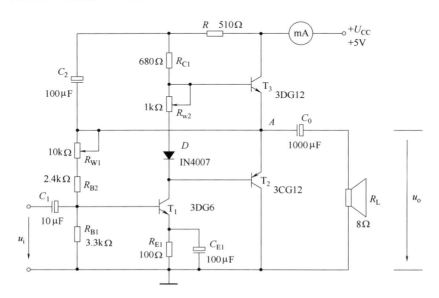

图 1-8-1　OTL 功率放大器实验电路

T_1 管工作于甲类状态，它的集电极电流 I_{C1} 由电位器 R_{W1} 进行调节。I_{C1} 的一部分流经电位器 R_{W2} 及二极管 D，给 T_2、T_3 提供偏压。调节 R_{W2}，可以使 T_2、T_3 得到合适的静态电流而工作于甲、乙类状态，以克服交越失真。静态时要求输出端中点 A 的电位 U_A $= \frac{1}{2} U_{CC}$，可以通过调节 R_{W1} 来实现，又由于 R_{W1} 的一端接在 A 点，因此在电路中引入交、直流电压并联负反馈，这在稳定放大器的静态工作点的同时也改善了非线性失真。

当输入正弦交流信号 U_i 时，经 T_1 放大、倒相后同时作用于 T_2、T_3 的基极，U_i 的负半周使 T_2 管导通（T_3 管截止），有电流通过负载 R_L，同时向电容 C_0 充电，在 U_i 的正半周，T_3 导通（T_2 截止），则已充好电的电容器 C_0 起着电源的作用，通过负载 R_L 放电，这样在 R_L 上就得到完整的正弦波。

C_2 和 R 构成自举电路，用于提高输出电压正半周的幅度，以得到大的动态范围。

OTL 电路的主要性能指标如下。

1. 最大不失真输出功率 P_{Om}

理想情况下 $P_{Om} = \dfrac{1}{8} \dfrac{U_{CC}^2}{R_L}$

在实验中可通过测量 R_L 两端的电压有效值，来求得实际的 $P_{om}=\dfrac{U_O^2}{R_L}$。

2. 效率 η

$$\eta=\frac{P_{om}}{P_E}\times 100\%$$

式中，P_E——直流电源供给的平均功率。

理想情况下 $\eta_{max}=78.5\%$。

在实验中，可测量电源供给的平均电流 I_{dC}，求得 $P_E=U_{CC}\cdot I_{dC}$，就可以计算实际效率。

3. 频率响应

详见实验三。

4. 输入灵敏度

输入灵敏度是指输出最大不失真功率时，输入信号 U_i 的值。

四、实验内容

在整个测试过程中，电路不应有自激现象。

1. 静态工作点的测试

按图 1-8-1 所示连接实验电路，将输入信号旋钮旋至零（$U_i=0$），电源进线中串入直流毫安表，电位器 R_{W2} 置于最小值，R_{W1} 置于中间位置。接通 +5V 电源，观察毫安表的指示，同时用手触摸输出极管子，若电流过大，或管子温升明显，应立即断开电源检查原因（如 R_{W2} 开路、电路自激、或输出管性能不好等）。如无异常现象，可开始调试。

（1）调节输出端中点电位 U_A。调节电位器 R_{W1}，用直流电压表测量 A 点电位，使 $U_A=\dfrac{1}{2}U_{CC}$。

（2）调整输出极静态电流及测试各级静态工作点。

方法一：调节 R_{W2}，使 T_2、T_3 管的 $I_{C2}=I_{C3}=(5\sim10)$ mA。从减小交越失真角度来看，应适当加大输出极静态电流，但该电流过大，又会使效率降低，所以一般以 $(5\sim10)$ mA 为宜。

方法二：动态调试法。先使 $R_{W2}=0$，在输入端接入 $f=1\text{kHz}$ 的正弦信号 U_i。逐渐加大输入信号的幅值，此时，输出波形应出现较严重的交越失真（注意：没有饱和和截止失真），然后缓慢增大 R_{W2}，当交越失真刚好消失时，停止调节 R_{W2}，恢复 $U_i=0$，此时直流毫安表读数即为输出级静态电流。一般数值也应在 $(5\sim10)$ mA，如过大，则要检查电路。

输出极电流调好以后，测量各级静态工作点，记入表 1-8-1 中。

表 1-8-1　　　　各级静态工作点的测量（$I_{C2}=I_{C3}=$_____ mA　$U_A=2.5\text{V}$）

电压＼电极电流	T_1	T_2	T_3
U_B/V			
U_C/V			
U_E/V			

注意：

① 在调整 R_{W2} 时，一是要注意旋转方向，不要调得过大，更不能开路，以免损坏输出管；

② 输出管静态电流调好，如无特殊情况，不得随意旋动 R_{W2} 的位置。

2. 最大输出功率 P_{om} 和效率 η 的测试

（1）测量 P_{om}。输入端接 $f = 1\text{kHz}$ 的正弦信号 U_i，输出端用示波器观察输出电压 U_o 波形。逐渐增大 U_i，使输出电压达到最大不失真输出，用交流毫伏表测出负载 R_L 上的电压 U_{om}，则

$$P_{om} = \frac{U_{om}^2}{R_L}$$

（2）测量 η。当输出电压为最大不失真输出时，读出直流毫安表中的电流值，此电流即为直流电源供给的平均电流 I_{dC}（有一定误差），由此可近似求得 $P_E = U_{CC} I_{dc}$，再根据上面测得的 P_{om}，即可求出

$$\eta = \frac{P_{om}}{P_E}$$

3. 输入灵敏度测试

根据输入灵敏度的定义，只要测出输出功率 $P_o = P_{om}$ 时的输入电压值 U_i 即可。

4. 频率响应的测试

测试方法同实验三。测试结果记入表 1-8-2 中。

表 1-8-2　　　　　　　频率响应测试表（$U_i = $ _____ mV）

频率			f_L		f_o		f_H	
f/Hz					1000			
U_o/V								
A_V								

在测试时，为了保证电路的安全，应在较低电压下进行，通常取输入信号为输入灵敏度的 50%。在整个测试过程中，应保持 U_i 为恒定值，且输出波形不得失真。

5. 研究自举电路的作用

（1）测量有自举电路，且 $P_o = P_{omax}$ 时的电压增益 $A_V = \dfrac{U_{om}}{U_i}$。

（2）将 C_2 开路，R 短路（无自举），再测量 $P_o = P_{omax}$ 的 A_V。用示波器观察（1）、（2）两种情况下的输出电压波形，并将以上两项测量结果进行比较，分析研究自举电路的作用。

6. 噪声电压的测试

测量时将输入端短路（$U_i = 0$），观察输出噪声波形，并用交流毫伏表测量输出电压，即为噪声电压 U_N，本电路若 $U_N < 15\text{mV}$，即满足要求。

7. 试听

输入信号改为录音机输出，输出端接试听音箱及示波器。开机试听，并观察语言和音乐信号的输出波形。

五、实验报告要求

1. 整理实验数据，计算静态工作点、最大不失真输出功率 P_{om}、效率 η 等，并与理

论值进行比较，画频率响应曲线。

2. 分析自举电路的作用。

六、实验预习要求及思考题

1. 交越失真产生的原因是什么？怎样克服交越失真？

2. 电路中电位器 R_{W2} 如果开路或短路，对电路工作有何影响？

3. 为了不损坏输出管，调试中应注意什么问题？

实验九　模拟运算电路

一、实验目的

1. 掌握集成运算放大器工作在线性状态下的特点，深刻理解"虚短""虚断""虚地"的基本概念。

2. 掌握由集成运算放大器组成的比例、加法、减法和积分等基本运算电路结构和运算关系。

3. 掌握实现简单运算关系电路的设计方法。

二、实验设备与器件

1. 模拟电子技术实验装置一台。

2. 函数信号发生器、双踪示波器、交流毫伏表、直流数字电压表、频率计、万用表各一台。

3. 元器件：集成运算放大器 μA741 一片，电阻器、电容器若干个。

三、实验原理

集成运算放大器是一种具有高电压放大倍数的直接耦合多级放大电路。当外部接入不同的线性或非线性元器件组成输入和负反馈电路时，可以灵活地实现各种特定的函数关系。在线性应用方面，可组成比例、加法、减法、积分、微分、对数等模拟运算电路。

1. 引脚排列

图 1-9-1 为 μA741 的引脚图。图 1-9-1 中还给出了 μA741 的调零方法。图中 U_+ 为正电源，U_- 为负电源，OA1、OA2 为调零端，IN_- 为反向输入端，IN_+ 为同相输入端，OUT 为输出端。

2. 理想集成运算放大器的特点

在大多数情况下，将运放视为理想运放，理想运放在线性应用时的两个重要特性为：

（1）输出电压 U_o 与输入电压之间满足关系式：

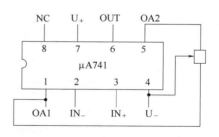

图 1-9-1　μA741 引脚排列图

$$U_o = A_{ud}(U_+ - U_-)$$

由于 $A_{ud} = \infty$，而 U_o 为有限值，因此，$U_+ - U_- \approx 0$，即 $U_+ \approx U_-$，称为"虚短"。

（2）由于 $r_i = \infty$，故流进运放两个输入端的电流可视为零，即 $I_{IB} = 0$，称为"虚断"。这说明运放对其前级吸取电流极小。

上述两个特性是分析理想运放应用电路的基本原则，可简化运放电路的计算。

3．基本运算电路

（1）反相比例运算电路。反相比例运算电路如图 1-9-2 所示。对于理想运放，该电路的输出电压与输入电压之间的关系为

$$U_o = -\frac{R_F}{R_1} U_i$$

为了减小输入级偏置电流引起的运算误差，在同相输入端应接入平衡电阻 $R_2 = R_1 /\!/ R_F$。

（2）反相加法运算电路。反相加法运算电路如图 1-9-3 所示，输出电压与输入电压之间的关系为

$$U_o = -\left(\frac{R_F}{R_1} U_{i1} + \frac{R_F}{R_2} U_{i2}\right) \quad R_3 = R_1 /\!/ R_2 /\!/ R_F$$

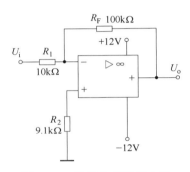

图 1-9-2　反相比例运算电路

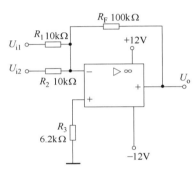

图 1-9-3　反相加法运算电路

（3）同相比例运算电路。图 1-9-4 是同相比例运算电路，它的输出电压与输入电压之间的关系为

$$U_o = \left(1 + \frac{R_F}{R_1}\right) U_i \quad R_2 = R_1 /\!/ R_F$$

（4）差动放大电路（减法器）。对于图 1-9-5 所示的减法运算电路，当 $R_1 = R_2$、$R_3 = R_F$ 时，有如下关系式

$$U_o = \frac{R_F}{R_1} (U_{i2} - U_{i1})$$

（5）反向积分运算电路。反相积分电路如图 1-9-6 所示。在理想条件下，输出电压 U_o 等于

$$U_o(t) = -\frac{1}{R_1 C} \int_0^t U_i \mathrm{d}t + U_C(0)$$

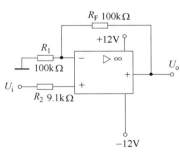

图 1-9-4　同相比例运算电路

式中　$U_C(0)$ 是 $t = 0$ 时刻电容 C 两端的电压值，即初始值。

如果 $U_i(t)$ 是幅值为 E 的阶跃电压，并设 $U_c(0) = 0$，则

$$U_o(t) = -\frac{1}{R_1 C} \int_0^t E \mathrm{d}t = -\frac{E}{R_1 C} t$$

即输出电压 $U_o(t)$ 随时间增长而线性下降。显然 RC 的数值越大，达到给定的 U_o 值所需的时间就越长。积分输出电压所能达到的最大值受集成运放最大输出范围的限制。

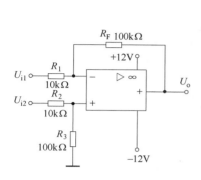

图 1-9-5　减法运算电路图

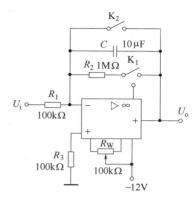

图 1-9-6　积分运算电路

四、实验内容

实验前要看清运放组件各管脚的位置；切忌正、负电源极性接反和输出端短路，否则会损坏集成块。

1. 反相比例运算电路

（1）按图 1-9-1 所示连接实验电路，接通±12V 电源。

（2）输入 $f=1\text{kHz}$，$U_i=0.5\text{V}$ 的正弦交流信号，测量相应的 U_i、U_o 并用示波器观察 U_o 和 U_i 的相位关系，记入表 1-9-1 中。

表 1-9-1　　　　　　　　　反相比例运算电路测试记录表

U_i/V	U_o/V		U_i 波形	U_o 波形	A_V	
	理论值	实验值			理论值	实验值

2. 同相比例运算电路

按图 1-9-4 所示连接实验电路。实验步骤同实验内容 1，将测量结果记入表 1-9-2 中。

表 1-9-2　　　　　　　　　同相比例运算电路测试记录表

U_i/V	U_o/V		U_i 波形	U_o 波形	A_V	
	理论值	实验值			理论值	实验值

3. 反相加法运算电路

（1）按图 1-9-3 所示连接实验电路。

（2）输入信号采用交流信号，实验时要注意选择合适的交流信号幅度以确保集成运放工作在线性区。用交流毫伏表测量输入电压 U_{i1}、U_{i2} 及输出电压 U_o，记入表 1-9-3 中。

表 1-9-3   反相加法运算电路测试记录表

	U_{i1}/V	0.1	0.2	0	0.2	0.3
	U_{i2}/V	0.2	0.3	0.5	0.5	0.5
U_o/V	理论值					
	实验值					

4. 减法运算电路

（1）按图 1-9-5 所示连接实验电路。

（2）采用交流输入信号，实验步骤同内容 3，测量结果记入表 1-9-4 中。

表 1-9-4   减法运算电路测试记录表

	U_{i1}/V	0	0.1	0.2	0.3	0.5
	U_{i2}/V	0.5	0.3	0.8	0.8	1
U_o/V	理论值					
	实验值					

5. 积分运算电路

实验电路如图 1-9-6 所示。

（1）打开 K_2，闭合 K_1，对运放输出进行调零。

（2）调零完成后，打开 K_1，闭合 K_2，使 $U_C(0)=0$。

（3）预先调好直流输入电压 $U_i=0.5V$，接入实验电路，再打开 K_2，然后用直流电压表测量输出电压 U_o，每隔 5 秒读一次 U_o，记入表 1-9-5 中，直到 U_o 不继续明显增大为止。

表 1-9-5   积分运算电路测试记录表

t/s	0	5	10	15	20	25	30	⋯
U_o/V								

6. 设计能实现下列运算关系的运算电路

设计电路要实现的运算关系式为：

$$U_o = 6U_{i2} - 2U_{i1}$$

五、实验报告要求

1. 整理实验数据，画出波形图（注意波形间的相位关系）。

2. 将理论计算结果和实测数据相比较，分析产生误差的原因。

3. 分析讨论实验中出现的现象和问题。

六、实验预习要求及思考题

1. 根据实验电路参数计算各电路输出电压的理论值。

2. 在反相加法器中，如 U_{i1} 和 U_{i2} 均采用交流信号，并选定 $U_{i2} = -1V$，当考虑到运算放大器的最大输出幅度（$\pm 12V$）时，$|U_{i1}|$ 的大小不应超过多少伏？

3. 为了不损坏集成块，实验中应注意什么问题？

4. 利用 Multisim 仿真软件对实验电路进行虚拟仿真。

实验十　有源滤波器

一、实验目的

1. 熟悉用运放、电阻和电容组成有源低通滤波、高通滤波和带通、带阻滤波器。

2. 学会测量有源滤波器的幅频特性。

二、实验设备与器件

1. 模拟电子技术实验装置一台。

2. 函数信号发生器、双踪示波器、交流毫伏表、直流数字电压表、频率计、万用表各一台。

3. 元器件：运算放大器 μA741 一片，电阻器、电容器若干个。

三、实验原理

由 RC 元件与运算放大器组成的滤波器称为 RC 有源滤波器，其功能是让一定频率范围内的信号通过，抑制或急剧衰减此频率范围以外的信号。RC 有源滤波器可用在信息处理、数据传输、抑制干扰等方面，但因受运算放大器频带限制，这类滤波器主要用于低频范围。根据对频率范围的选择不同，有低通（LPF）、高通（HPF）、带通（BPF）与带阻（BEF）等四种滤波器，它们的幅频特性如图 1-10-1 所示。

具有理想幅频特性的滤波器是很难实现的，只能用实际的幅频特性去逼近理想状态。一般来说，滤波器的幅频特性越好，其相频特性越差，反之亦然。滤波器的阶数越高，幅频特性衰减的速率越快，但 RC 网络的节数越多，元件参数计算越繁琐，电路调试越困难。任何高阶滤波器均可以用较低的二阶 RC 有滤波器级联实现。

1. 低通滤波器（LPF）

低通滤波器是用来通过低频信号衰减或抑制高频信号。

如图 1-10-2（a）所示为典型的二阶有源低通滤波器。它由两级 RC 滤波环节与同相比例运算电路组成，其中第一级电容 C 接至输出端，引入适量的正反馈，以改善幅频特性。

如图 1-10-2（b）所示为二阶低通滤波器幅频特性曲线。

电路性能参数：

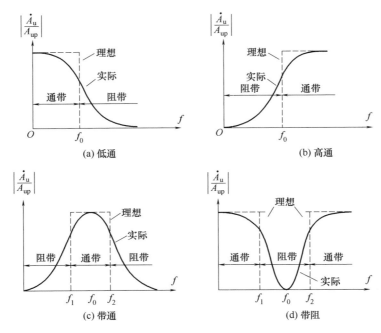

图 1-10-1　四种滤波电路的幅频特性示意图

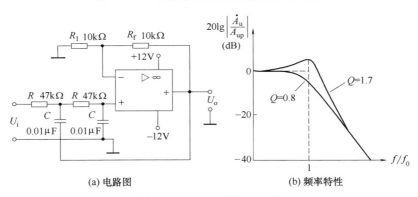

图 1-10-2　二阶低通滤波器

$$A_{up}=1+\frac{R_f}{R_1}　二阶低通滤波器的通带增益$$

$$f_0=\frac{1}{2\pi RC}　截止频率，它是二阶低通滤波器通带与阻带的界限频率。$$

$$Q=\frac{1}{3-A_{up}}　品质因数，它的大小影响低通滤波器在截止频率处幅频特性的形状。$$

2. 高通滤波器（HPF）

与低通滤波器相反，高通滤波器用来通过高频信号衰减或抑制低频信号。

只要将图 1-10-2 所示的低通滤波电路中起滤波作用的电阻、电容互换，即可变成二阶有源高通滤波器，如图 1-10-3（a）所示。高通滤波器性能与低通滤波器相反，其频率响应和低通滤波器是"镜像"关系，仿照 LPH 分析方法，不难求得 HPF 的幅频特性。

电路性能参数 A_{uP}、f_0、Q 各量的涵义同二阶低通滤波器。

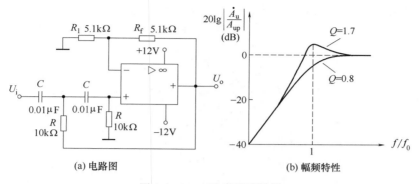

(a) 电路图　　　　　　　(b) 幅频特性

图 1-10-3　二阶高通滤波器

图 1-10-3（b）所示为二阶高通滤波器的幅频特性曲线。由图可见，它与二阶低通滤波器的幅频特性曲线有"镜像"关系。

3．带通滤波器（BPF）

这种滤波器的作用是只允许在某一个通频带范围内的信号通过，而比通频带下限频率低和比通频带上限频率高的信号均加以衰减或抑制。

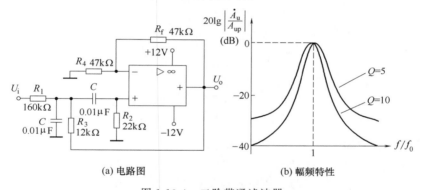

(a) 电路图　　　　　　　(b) 幅频特性

图 1-10-4　二阶带通滤波器

典型的带通滤波器可以从二阶低通滤波器中将其中一级改成高通而成，如图 1-10-4（a）所示。

电路性能参数：

通带增益：$A_{up} = \dfrac{R_4 + R_f}{R_4 R_1 CB}$

中心频率：$f_0 = \dfrac{1}{2\pi} \sqrt{\dfrac{1}{R_2 C^2}\left(\dfrac{1}{R_1} + \dfrac{1}{R_3}\right)}$

通带宽度：$B = \dfrac{1}{C}\left(\dfrac{1}{R_1} + \dfrac{2}{R_2} - \dfrac{R_f}{R_3 R_4}\right)$

选择性：$Q = \dfrac{\omega_0}{B}$

此电路的优点是改变 R_f 和 R_4 的比例就可改变频宽而不影响中心频率。

4．带阻滤波器（BEF）

如图 1-10-5（a）所示，这种电路的性能和带通滤波器相反，即在规定的频带内，信号不能通过（或受到很大衰减或抑制），而在其余频率范围，信号则能顺利通过。

在双 T 网络后加一级同相比例运算电路就构成了基本的二阶有源滤波器。

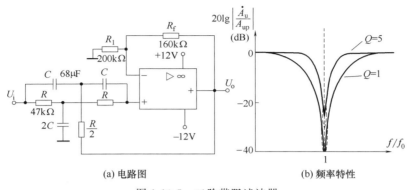

(a) 电路图   (b) 频率特性

图 1-10-5   二阶带阻滤波器

电路性能参数：

通带增益：$A_{up} = 1 + \dfrac{R_f}{R_1}$

中心频率：$f_0 = \dfrac{1}{2\pi RC}$

带阻宽度：$B = 2(2 - A_{up})f_0$

选择性：$Q = \dfrac{1}{2(2 - A_{up})}$

四、实验内容

1. 二阶低通滤波器

实验电路如图 1-10-2（a）所示。

（1）粗测：接通±12V 电源。U_i 接函数信号发生器，令其输出为 $U_i = 1V$ 的正弦波信号，在滤波器截止频率附近改变输入信号频率，用示波器或交流毫伏表观察输出电压幅度的变化是否具备低通特性，如不具备，应排除电路故障。

（2）在输出波形不失真的条件下，选取适当幅度的正弦输入信号，在维持输入信号幅度不变的情况下，逐点改变输入信号频率。测量输出电压，结果记入表 1-10-1 中，描绘频率特性曲线。

表 1-10-1   二阶低通滤波器幅频特性测量记录表

f/Hz	
U_o/V	

2. 二阶高通滤波器

实验电路如图 1-10-3（a）所示。

（1）粗测：输入 $U_i = 1V$ 正弦波信号，在滤波器截止频率附近改变输入信号频率，观察电路是否具备高通特性。

（2）测绘高通滤波器的幅频特性曲线，记入表 1-10-2 中。

表 1-10-2　　　　　　　　　　二阶高通滤波器幅频特性测量记录表

f/Hz	
U_o/V	

3. 带通滤波器

实验电路如图 1-10-4（a）所示，测量其频率特性，结果记入表 1-10-3 中。

（1）实测电路的中心频率 f_0。

（2）以实测中心频率为中心，测绘电路的幅频特性。

表 1-10-3　　　　　　　　　　带通滤波器幅频特性测量记录表

f/Hz	
U_o/V	

4. 带阻滤波器

实验电路如图 1-10-5（a）所示。

（1）实测电路的中心频率 f_0。

（2）测绘电路的幅频特性曲线，记入表 1-10-4 中。

表 1-10-4　　　　　　　　　　带阻滤波器幅频特性测量记录表

f/Hz	
U_o/V	

五、实验报告要求

1. 整理实验数据，画出各电路实测的幅频特性。

2. 根据实验曲线，计算截止频率、中心频率、带宽及品质因数。

3. 总结有源滤波电路的特性。

六、实验预习要求及思考题

1. 复习教材中有关滤波器内容。

2. 分析图 1-10-2、图 1-10-3、图 1-10-4、图 1-10-5 所示电路，并写出它们的增益特性表达式。

3. 计算图 1-10-2、图 1-10-3 的截止频率，图 1-10-4、图 1-10-5 的中心频率。

4. 画出上述四种电路的幅频特性曲线。

实验十一　电压比较器

一、实验目的

1. 掌握电压比较器的电路构成及特点。

2. 学会测试比较器的方法。

二、实验设备与器件

1. 模拟电子技术实验装置一台。

2. 函数信号发生器、双踪示波器、交流毫伏表、直流数字电压表、频率计、万用表各一台。

3. 元器件：运算放大器 μA741 两片，稳压管 2CW231 一片，二极管 IN4148 两片，电阻器、电容器若干个。

三、实验原理

电压比较器是集成运放非线性应用电路。它将一个模拟量电压信号和一个参考电压相比较，在二者幅度相等的附近，输出电压将产生跃变，相应输出高电平或低电平。比较器可以组成非正弦波形变换电路及应用于模拟与数字信号转换等领域。

图 1-11-1 所示为一个比较简单的电压比较器，U_R 为参考电压，加在运放的同相输入端，输入电压 U_i 加在反相输入端。

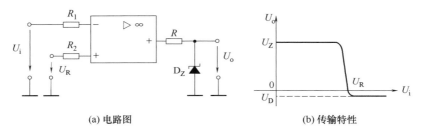

(a) 电路图　　　　　　　　　　　　　(b) 传输特性

图 1-11-1　电压比较器

当 $U_i < U_R$ 时，运放输出高电平，稳压管 D_Z 反向稳压工作。输出端电位被其箝位在稳压管的稳定电压 U_Z，即 $U_o = U_Z$。

当 $U_i > U_R$ 时，运放输出低电平，D_Z 正向导通，输出电压等于稳压管的正向压降 U_D，即 $U_o = -U_D$。

因此，以 U_R 为界，当输入电压 U_i 变化时，输出端反映出两种状态：高电位和低电位。

表示输出电压与输入电压之间关系的特性曲线，称为传输特性。图 1-11-1（b）所示为（a）图比较器的传输特性。

常用的电压比较器有过零比较器、具有滞回特性的过零比较器、双限比较器（又称窗口比较器）等。

1. 过零比较器

如图 1-11-2 所示为加限幅电路的过零比较器，D_Z 为限幅稳压管。信号从运放的反相输入端输入，参考电压为零，从同相端输入。当 $U_i > 0$ 时，输出 $U_o = -(U_Z + U_D)$，当 $U_i < 0$ 时，$U_o = +(U_Z + U_D)$。其电压传输特性如图 1-11-2（b）所示。

过零比较器结构简单、灵敏度高，但抗干扰能力差。

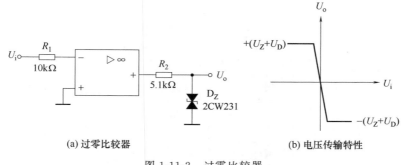

(a) 过零比较器　　　　　　(b) 电压传输特性

图 1-11-2　过零比较器

2. 滞回比较器

图 1-11-3 为具有滞回特性的过零比较器。

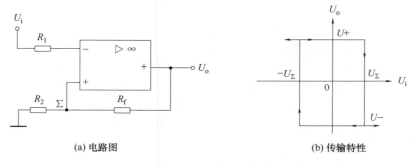

(a) 电路图　　　　　　(b) 传输特性

图 1-11-3　滞回比较器

过零比较器在实际工作时，如果 U_i 恰好在过零值附近，则由于零点漂移的存在，U_o 将不断由一个极限值转换到另一个极限值，这在控制系统中，对执行机构将是很不利的。为此，就需要输出特性具有滞回现象。如图 1-11-3 所示，从输出端引一个电阻分压正反馈支路到同相输入端，若 U_o 改变状态，Σ 点也随着改变电位，使过零点离开原来位置。

当 U_o 为正（记作 $U+$），$U_\Sigma = \dfrac{R_2}{R_f + R_2} U_+$，则当 $U_i > U_\Sigma$ 后，U_o 即由正变负（记作 U_-），此时 U_Σ 变为 $-U_\Sigma$。故只有当 U_i 下降到 $-U_\Sigma$ 以下，才能使 U_o 再度回升到 U_+，于是出现图 1-11-3（b）中所示的滞回特性。$-U_\Sigma$ 与 U_Σ 的差别称为回差。改变 R_2 的数值可以改变回差的大小。

3. 窗口（双限）比较器

简单的比较器仅能鉴别输入电压 U_i 比参考电压 U_R 高或低的情况。窗口比较电路是由两个简单的比较器组成，如图 1-11-4 所示，它能指示出 U_i 值是否处于 U_R^+ 和 U_R^- 之间。如 $U_R^- < U_i < U_R^+$，窗口比较器的输出电压 U_o 等于运放的正饱和输出电压（$+U_{omax}$），如果 $U_i < U_R^-$ 或 $U_i > U_R^+$，则输出电压 U_o 等于运放的负饱和输出电压（$-U_{omax}$）。

四、实验内容

1. 过零比较器

实验电路如图 1-11-2 所示。

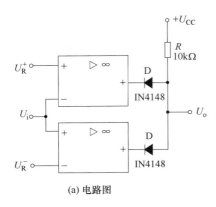

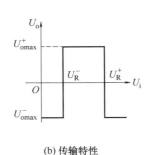

(a) 电路图   (b) 传输特性

图 1-11-4　由两个简单比较器组成的窗口比较器

（1）接通 ±12V 电源。

（2）测量 U_i 悬空时的 U_o 值。

（3）U_i 输入 500Hz、幅值为 2V 的正弦信号，观察 $U_i \rightarrow U_o$ 波形并记录。

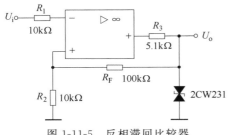

图 1-11-5　反相滞回比较器

号，观察并记录 $U_i \rightarrow U_o$ 波形。

（4）将分压支路 100kΩ 电阻改为 200kΩ，重复上述实验，测定传输特性。

3. 同相滞回比较器

实验线路如图 1-11-6 所示。

（1）参照实验内容 2，自拟实验步骤及方法。

（2）将结果与实验内容 2 进行比较。

4. 窗口比较器

参照图 1-11-4 自拟实验步骤和方法测定其传输特性。

五、实验报告要求

1. 整理实验数据，绘制各类比较器的传输特性曲线。

2. 总结几种比较器的特点，说明它们的应用。

（4）改变 U_i 幅值，测量传输特性曲线。

2. 反相滞回比较器

实验电路如图 1-11-5 所示。

（1）按图接线，U_i 接 +5V 可调直流电源，测出 U_o 由 $+U_{omcx} \rightarrow -U_{omcx}$ 时 U_i 的临界值。

（2）同上，测出 U_o 由 $-U_{omcx} \rightarrow +U_{omcx}$ 时 U_i 的临界值。

（3）U_i 接 500Hz，峰值为 2V 的正弦信号，观察并记录 $U_i \rightarrow U_o$ 波形。

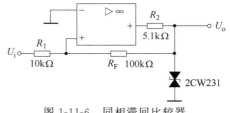

图 1-11-6　同相滞回比较器

六、实验预习要求及思考题

1. 复习教材有关比较器的内容。

2. 画出各类比较器的传输特性曲线。

3. 若要将图 1-11-4 所示窗口比较器的电压传输曲线高、低电平对调，应如何改动比较器电路？

实验十二　波形发生器

一、实验目的

1. 学习用集成运放构成正弦波、方波和三角波发生器。

2. 学习波形发生器的调整和主要性能指标的测试方法。

二、实验设备与器件

1. 模拟电子技术实验装置一台。

2. 函数信号发生器、双踪示波器、交流毫伏表、直流数字电压表、频率计、万用表各一台。

3. 元器件：运算放大器 μA741 两片，稳压管 2CW231 一片，二极管 IN4148 两片，电阻器、电容器若干个。

三、实验原理

由集成运放构成的正弦波、方波和三角波发生器有多种形式，本实验选用最常用的、线路比较简单的几种电路加以分析。

1. RC 桥式正弦波振荡器（文氏电桥振荡器）

图 1-12-1 所示为 RC 桥式正弦波振荡器，其中 RC 串、并联电路构成正反馈支路，同时兼作选频网络，R_1、R_2、R_W 及二极管等元件构成负反馈和稳幅环节。调节电位器 R_W，可以改变负反馈深度，以满足振荡的振幅条件和改善波形。利用两个反向并联二极管 D_1、D_2 正向电阻的非线性特性来实现稳幅。D_1、D_2 采用硅管（温度稳定性好），且要求特性匹配，才能保证输出波形正、负半周对称。R_3 的接入是为了削弱二极管非线性的影响，以改善波形失真状况。

电路的振荡频率

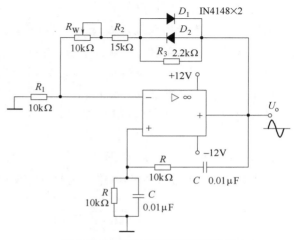

图 1-12-1　RC 桥式正弦波振荡器

$$f_0 = \frac{1}{2\pi RC}$$

起振的幅值条件

$$\frac{R_f}{R_1} \geqslant 2$$

式中 $R_f = R_w + R_2 + (R_3 /\!/ r_D)$，$r_D$ 为二极管正向导通电阻。

调整反馈电阻 R_f（调 R_w），使电路起振，且波形失真最小。如不能起振，则说明负反馈太强，应适当加大 R_f。如波形失真严重，则应适当减小 R_f。

改变选频网络的参数 C 或 R，即可调节振荡频率。一般采用改变电容 C 作频率量程切换，而调节 R 作量程内的频率细调。

2. 方波发生器

由集成运放构成的方波发生器和三角波发生器，一般均包括比较器和 RC 积分器两大部分。图 1-12-2 所示为由滞回比较器及简单 RC 积分电路组成的方波-三角波发生器。它的特点是线路简单，但三角波的线性度较差，主要用于产生方波，或对三角波要求不高的场合。

电路振荡频率

$$f_0 = \frac{1}{2R_f C_f \mathrm{Ln}\left(1 + \frac{2R_2}{R_1}\right)}$$

式中　$R_1 = R_1' + R_w'$　$R_2 = R_2' + R_w''$

方波输出幅值　$U_{om} = \pm U_Z$

三角波输出幅值

$$U_{cm} = \frac{R_2}{R_1 + R_2} U_Z$$

调节电位器 R_w（即改变 R_2/R_1），可以改变振荡频率，但三角波的幅值也随之变化。如要互不影响，则可通过改变 R_f（或 C_f）来实现振荡频率的调节。

3. 方波-三角波发生器

如把滞回比较器和积分器首尾相接形成正反馈闭环系统，如图 1-12-3 所示，则比较器 A_1 输出的方波经积分器 A_2 积分可得到三角波，三角波又触发比较器自动翻转形成方波，这样即可构成方波-三角波发生器。图 1-12-4 为方波-三角波发生器输出波形

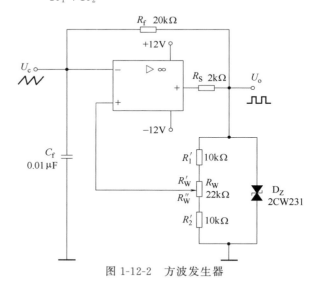

图 1-12-2　方波发生器

图。由于采用运放组成的积分电路，因此可实现恒流充电，使三角波线性大大改善。

电路振荡频率　$f_0 = \dfrac{R_2}{4R_1(R_f + R_w)C_f}$

方波幅值　$U_{om}' = \pm U_Z$

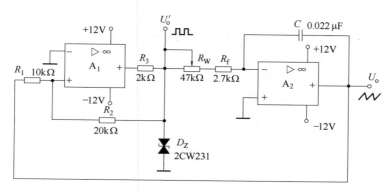

图 1-12-3　方波、三角波发生器

三角波幅值　$U_{om} = \dfrac{R_1}{R_2} U_Z$

调节 R_w 可以改变振荡频率，改变比值 $\dfrac{R_1}{R_2}$ 可调节三角波的幅值。

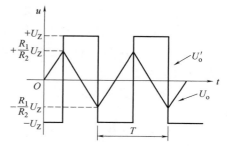

图 1-12-4　方波、三角波发生器输出波形图

四、实验内容

1. RC 桥式正弦波振荡器

按图 1-12-1 所示连接实验电路。

（1）接通 ±12V 电源，调节电位器 R_w，使输出波形从无到有，从正弦波到出现失真。描绘 U_o 的波形，记下临界起振、正弦波输出及失真情况下的 R_w 值，分析负反馈强弱对起振条件及输出波形的影响。

（2）调节电位器 R_w，使输出电压 U_o 幅值最大且不失真，用交流毫伏表分别测量输出电压 U_o、反馈电压 U_+ 和 U_-，分析研究振荡的幅值条件。

（3）用示波器或频率计测量振荡频率 f_0，然后在选频网络的两个电阻 R 上并联同一阻值电阻，观察记录振荡频率的变化情况，并与理论值进行比较。

（4）断开二极管 D_1、D_2，重复（2）的内容，将测试结果与（2）进行比较，分析 D_1、D_2 的稳幅作用。

（5）观察 RC 串并联网络幅频特性。将 RC 串并联网络与运放断开，由函数信号发生器注入 3V 左右正弦信号，并用双踪示波器同时观察 RC 串并联网络输入、输出波形。保持输入幅值（3V）不变，从低到高改变频率，当信号源达到某一频率时，RC 串并联网络输出将达最大值（约 1V），且输入、输出同相位。此时的信号源频率

$$f = f_0 = \frac{1}{2\pi RC}$$

2. 方波发生器

按图 1-12-2 所示连接实验电路。

（1）将电位器 R_w 调至中心位置，用双踪示波器观察并描绘方波 U_o 及三角波 U_C 的波形（注意对应关系），测量其幅值及频率，记录之。

（2）改变 R_w 动点的位置，观察 U_o、U_C 幅值及频率变化情况。把动点调至最上端和

最下端，测出频率范围，记录之。

（3）将 R_w 恢复至中心位置，将一只稳压管短接，观察 U_o 波形，分析 D_z 的限幅作用。

3. 三角波和方波发生器

按图 1-12-3 所示连接实验电路。

（1）将电位器 R_w 调至合适位置，用双踪示波器观察并描绘三角波输出 U_o 及方波输出 U_o'，测其幅值、频率及 R_w 值，记录之。

（2）改变 R_w 的位置，观察对 U_o、U_o' 幅值及频率的影响。

（3）改变 R_1（或 R_2），观察对 U_o、U_o' 幅值及频率的影响。

五、实验报告要求

1. 正弦波发生器

（1）列表整理实验数据，画出波形，将实测频率与理论值进行比较。

（2）根据实验分析 RC 振荡器的振幅条件。

（3）讨论二极管 D_1、D_2 的稳幅作用。

2. 方波发生器

（1）列表整理实验数据，在同一坐标纸上，按比例画出方波和三角波的波形图（标出时间和电压幅值）。

（2）分析 R_w 变化时，U_o 波形的幅值及频率所受的影响。

（3）讨论 D_z 的限幅作用。

3. 三角波和方波发生器

（1）整理实验数据，把实测频率与理论值进行比较。

（2）在同一坐标纸上，按比例画出三角波及方波的波形，并标明时间和电压幅值。

（3）分析电路参数变化（R_1、R_2 和 R_w）对输出波形频率及幅值的影响。

六、实验预习要求及思考题

1. 复习有关 RC 正弦波振荡器、方波和三角波发生器的工作原理，并估算图 1-12-1、图 1-12-2、图 1-12-3 电路的振荡频率。

2. 设计实验表格。

3. 为什么在 RC 正弦波振荡电路中要引入负反馈支路？为什么要增加二极管 D_1 和 D_2？它们是怎样稳幅的？

4. 在波形发生器各电路中，"相位补偿"和"调零"是否需要？为什么？

5. 怎样测量非正弦波电压的幅值？

实验十三　RC 正弦波振荡器

一、实验目的

1. 进一步学习 RC 正弦波振荡器的组成及其振荡条件。

2. 学会测量、调试振荡器。

二、实验设备与器件

1. 模拟电子技术实验装置一台。

2. 函数信号发生器、双踪示波器、交流毫伏表、直流数字电压表、频率计、万用表各 1 台。

3. 元器件：晶体三极管 3DG6（9011）或 3DG12（9013）两片，电阻器、电容器、电位器等若干个。

三、实验原理

从结构上看，正弦波振荡器是没有输入信号的，带选频网络的正反馈放大器，若用 R、C 元件组成选频网络，就称为 RC 振荡器，一般用来产生 1Hz～1MHz 的低频信号。

1. RC 移相振荡器

电路型式如图 1-13-1 所示，选择 $R > R_i$。

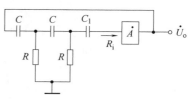

振荡频率 $f_0 = \dfrac{1}{2\pi\sqrt{6}RC}$

起振条件：放大器 A 的电压放大倍数 $|\dot{A}| > 29$。

图 1-13-1 RC 移相振荡器原理图

电路特点：简便，但选频作用差，振幅不稳，频率调节不便，一般用于频率固定且稳定性要求不高的场合。

频率范围：几赫兹到数万赫兹。

2. RC 串并联网络（文氏桥）振荡器

电路型式如图 1-13-2 所示。

振荡频率 $f_0 = \dfrac{1}{2\pi RC}$

起振条件 $|\dot{A}| > 3$

电路特点：可方便地连续改变振荡频率，便于加负反馈稳幅，容易得到良好的振荡波形。

3. 双 T 选频网络振荡器

电路型式如图 1-13-3 所示。

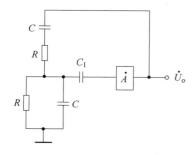

图 1-13-2 RC 串并联网络振荡器原理图

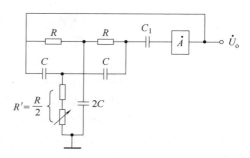

图 1-13-3 双 T 选频网络振荡器原理图

振荡频率　　$f_0 = \dfrac{1}{5RC}$

起振条件　　$R' < \dfrac{R}{2}$　　$|\dot{A}| > 1$

电路特点：选频特性好，调频困难，适于产生单一频率的振荡。

注：本实验采用两级共射极分立元件放大器组成 RC 正弦波振荡器。

四、实验内容

1. RC 串并联选频网络振荡器

（1）按图 1-13-4 所示组接线路。

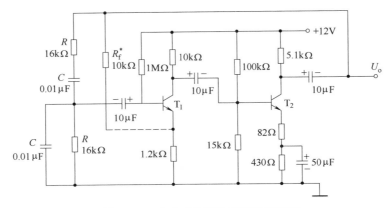

图 1-13-4　RC 串并联选频网络振荡器

（2）断开 RC 串并联网络，测量放大器静态工作点及电压放大倍数。

（3）接通 RC 串并联网络，并使电路起振，用示波器观测输出电压 U_o 波形，调节 R_f 获得满意的正弦信号，记录波形及其参数。

（4）测量振荡频率，并与计算值进行比较。

（5）改变 R 或 C 值，观察振荡频率变化情况。

（6）RC 串并联网络幅频特性的观察

将 RC 串并联网络与放大器断开，用函数信号发生器的正弦信号注入 RC 串并联网络，保持输入信号的幅度不变（约 3V），频率由低到高变化，RC 串并联网络输出幅值将随之变化，当信号源到达某一频率时，RC 串并联网络的输出将达最大值（1V 左右）。且输入、输出同相位，此时信号源频率为

$$f = f_0 = \frac{1}{2\pi RC}$$

2. 双 T 选频网络振荡器

（1）按图 1-13-5 所示组接线路。

（2）断开双 T 网络，调试 T_1 管静态工作点，使 U_{C1} 为 6～7V。

（3）接入双 T 网络，用示波器观察输出波形。若不起振，调节 R_{W1}，使电路起振。

（4）测量电路振荡频率，并与计算值比较。

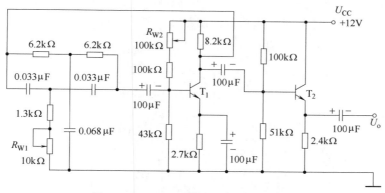

图 1-13-5　双 T 网络 RC 正弦波振荡器

五、实验报告要求

1. 由给定电路参数计算振荡频率，并与实测值比较，分析误差产生的原因。
2. 总结三类 RC 振荡器的特点。

六、实验预习要求及思考题

1. 复习教材中有关三种类型 RC 振荡器的结构与工作原理。
2. 计算三种实验电路的振荡频率。
3. 如何用示波器来测量振荡电路的振荡频率。

实验十四　LC 正弦波振荡器

一、实验目的

1. 掌握变压器反馈式 LC 正弦波振荡器的调整和测试方法。
2. 研究电路参数对 LC 振荡器起振条件及输出波形的影响。

二、实验设备与器件

1. 模拟电子技术实验装置一台。
2. 函数信号发生器、双踪示波器、交流毫伏表、直流数字电压表、频率计、万用表各一台。
3. 元器件：晶体三极管 3DG6（9011）或 3DG12（9013）一片，振荡线圈一个，电阻器、电容器若干个。

三、实验原理

　　LC 正弦波振荡器是用 L、C 元件组成的选频网络的振荡器，一般用来产生 1MHz 以上的高频正弦信号。根据 LC 调谐回路的不同连接方式，LC 正弦波振荡器又可分为变压器反馈式（或称互感耦合式）、电感三点式和电容三点式三种。图 1-14-1 所示为变压器反馈式 LC 正弦波振荡器的实验电路。其中晶体三极管 T_1 组成共射放大电路，变压器 T_r 的原绕组 L_1（振荡线圈）与电容 C 组成调谐回路，它既作为放大器的负载，又起选频作用，副绕组 L_2 为反馈线圈，L_3 为输出线圈。

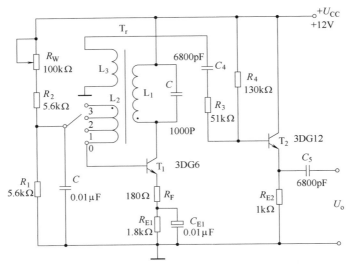

图 1-14-1　LC 正弦波振荡器实验电路

　　该电路是靠变压器原、副绕组同名端的正确连接（如图所示）来满足自激振荡的相位条件，即满足正反馈条件。在实际调试中可以通过把振荡线圈 L_1 或反馈线圈 L_2 的首、末端对调，来改变反馈的极性。而振幅条件的满足，一是靠合理选择电路参数，使放大器建立合适的静态工作点，二是改变线圈 L_2 的匝数，或改变它与 L_1 之间的耦合程度，以得到足够强的反馈量。稳幅作用是利用晶体管的非线性来实现的。由于 LC 并联谐振回路具有良好的选频作用，因此输出电压波形一般失真不大。

　　振荡器的振荡频率由谐振回路的电感和电容决定

$$f_0 = \frac{1}{2\pi\sqrt{LC}}$$

　　式中，L 为并联谐振回路的等效电感（即考虑其他绕组的影响）。

　　振荡器的输出端增加一级射极跟随器，用以提高电路的带负载能力。

四、实验内容

　　按图 1-14-1 所示连接实验电路。电位器 R_W 置最大位置，振荡电路的输出端接示波器。

　　1. 静态工作点的调整

　　（1）接通 $U_{CC} = +12V$ 电源，调节电位器 R_W，使输出端得到不失真的正弦波形，如不起振，可改变 L_2 的首末端位置，使之起振。测量两管的静态工作点及正弦波的有效值 U_0，记入表 1-14-1 中。

　　（2）把 R_W 调小，观察输出波形的变化，测量有关数据，记入表 1-14-1 中。

　　（3）调大 R_W，使振荡波形刚刚消失，测量有关数据，记入表 1-14-1 中。

表 1-14-1　　　　　　　　　　　　**LC 正弦波振荡器测试记录表**

		U_B/V	U_E/V	U_C/V	I_C/mA	U_O/V	U_o 波形
R_W 居中	T_1						
	T_2						
R_W 调小	T_1						
	T_2						
R_W 调大	T_1						
	T_2						

根据以上三组数据，分析静态工作点对电路起振、输出波形幅度和失真的影响。

2. 观察反馈量大小对输出波形的影响

置反馈线圈 L_2 于位置"0"（无反馈）、"1"（反馈量不足）、"2"（反馈量合适）、"3"（反馈量过强）时测量相应的输出电压波形，记入表 1-14-2 中。

表 1-14-2　　　　　　　　　　**观察反馈量大小对输出波形的影响**

L_2 位置	0	1	2	3
U_o 波形				

3. 验证相位条件

改变线圈 L_2 的首、末端位置，观察停振现象；

恢复 L_2 的正反馈接法，改变 L_1 的首末端位置，观察停振现象。

4. 测量振荡频率

调节 R_W 使电路正常起振，同时用示波器和频率计测量以下两种情况下的振荡频率 f_0，记入表 1-14-3 中。

谐振回路电容：（1）$C = 1000pf$

　　　　　　　　（2）$C = 100pf$

表 1-14-3　　　　　　　　　　　**测量振荡频率记录表**

C/pf	1000	100
f/kHz		

5. 观察谐振回路 Q 值对电路工作的影响

谐振回路两端并入 $R = 5.1k\Omega$ 的电阻，观察 R 并入前后振荡波形的变化情况。

五、实验报告要求

1. 整理实验数据，并分析讨论：

（1）LC 正弦波振荡器的相位条件和幅值条件；

（2）电路参数对 LC 振荡器起振条件及输出波形的影响。

2. 讨论实验中发现的问题及解决办法。

六、实验预习要求及思考题

1. 复习教材中有关 LC 振荡器的内容。

2. LC 振荡器是怎样进行稳幅的？在不影响起振的条件下，晶体管的集电极电流是大一些好，还是小一些好？

3. 为什么可以用测量停振和起振两种情况下晶体管的 U_{BE} 变化，来判断振荡器是否起振？

实验十五　晶闸管可控整流电路

一、实验目的

1. 学习单结晶体管和晶闸管的简易测试方法。

2. 熟悉单结晶体管触发电路（阻容移相桥触发电路）的工作原理及调试方法。

3. 熟悉用单结晶体管触发电路控制晶闸管调压电路的方法。

二、实验设备及器件

1. 模拟电子技术实验装置一台。

2. 函数信号发生器、双踪示波器、交流毫伏表、直流数字电压表、频率计、万用表各一台。

3. 元器件：晶闸管 3CT3A、单结晶体管 BT33、二极管 IN4007 各一个，二极管 IN4007 四个，灯泡 12V/0.1A 一个，电阻器、电容器若干个。

三、实验原理

可控整流电路的作用是把交流电变换为电压值可以调节的直流电。图 1-15-1 所示为单相半控桥式整流实验电路。主电路由负载 R_L（灯泡）和晶闸管 T_1 组成，触发电路为单结晶体管 T_2 及一些阻容元件构成的阻容移相桥触发电路。改变晶闸管 T_1 的导通角，便可调节主电路的可控输出整流电压（或电流）的数值，这点可由灯泡负载的亮度变化看出。晶闸管导通角的大小取决于触发脉冲的频率 f，由公式计算

$$f = \frac{1}{RC} \ln\left(\frac{1}{1-\eta}\right)$$

可知，当单结晶体管的分压比 η（一般在 $0.5 \sim 0.8$）及电容 C 值固定时，则频率 f 大小由 R 决定，因此，通过调节电位器 R_w，使可以改变触发脉冲频率，主电路的输出电

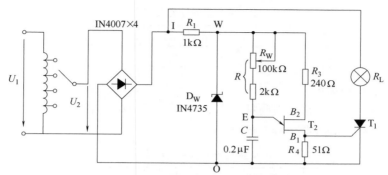

图 1-15-1　单相半控桥式整流实验电路

压也随之改变，从而达到可控调压的目的。

用万用电表的电阻挡（或用数字万用表二极管挡）可以对单结晶体管和晶闸管进行简易测试。

图 1-15-2 所示为单结晶体管 BT33 管脚排列、结构图及电路符号。好的单结晶体管 PN 结正向电阻 R_{EB_1}、R_{EB_2} 均较小，且 R_{EB_1} 稍大于 R_{EB_2}，PN 结的反向电阻 R_{B_1E}、R_{B_2E} 均应很大，根据所测阻值，即可判断出各管脚及管子的质量优劣。

图 1-15-3 所示为晶闸管 3CT3A 管脚排列、结构图及

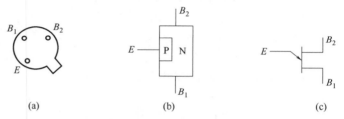

图 1-15-2　单结晶体管 BT33 管脚排列、结构图及电路符号

电路符号。晶闸管阳极（A）-阴极（K）及阳极（A）-门极（G）之间的正、反向电阻 R_{AK}、R_{KA}、R_{AG}、R_{GA} 均应很大，而 G-K 之间为一个 PN 结，PN 结正向电阻应较小，反向电阻应很大。

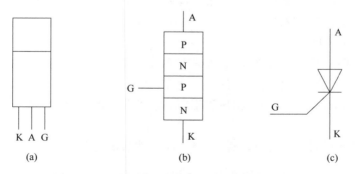

图 1-15-3　晶闸管管脚排列、结构图及电路符号

四、实验内容

1. 单结晶体管的简易测试

用万用电表 $R \times 10\Omega$ 挡分别测量 EB_1、EB_2 间正、反向电阻，记入表 1-15-1 中。

表 1-15-1 单结晶体管的简易测试表

R_{EB_1}/Ω	R_{EB_2}/Ω	$R_{B_1E}/k\Omega$	$R_{B_2E}/k\Omega$	结论

2. 晶闸管的简易测试

用万用电表 R×1kΩ 档分别测量 A-K、A-G 间正、反向电阻；用 R×10Ω 档测量 G-K 间正、反向电阻，记入表 1-15-2 中。

表 1-15-2 晶闸管的简易测试表

$R_{AK}/k\Omega$	$R_{KA}/k\Omega$	$R_{AG}/k\Omega$	$R_{GA}/k\Omega$	$R_{GK}/k\Omega$	$R_{KG}/k\Omega$	结论

3. 晶闸管导通、关断条件测试

断开±12V、±5V 直流电源，按图 1-15-4 所示连接实验电路。

（1）K₁ 闭合，晶闸管阳极加＋12V 电压，按以下四个步骤观察管子是否导通（导通时灯泡亮，关断时灯泡熄灭），并记录之。

① K₂ 断开，门极开路。

② K₂ 闭合，门极加＋5V 电压。

③ 去掉门极＋5V 电压。

④ 门极反接－5V 电压。

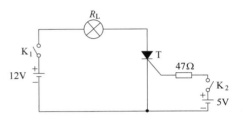

图 1-15-4　晶闸管导通、关断条件测试

（2）晶闸管导通后，按以下两个步骤观察管子是否关断，并记录之。

① 去掉阳极＋12V 电压。

② 阳极反接－12V 电压。

4. 晶闸管可控整流电路

按图 1-15-1 所示连接实验电路。取可调工频电源 14V 电压作为整流电路输入电压 U_2，电位器 R_W 置中间位置。

（1）单结晶体管触发电路。

① 断开主电路（把灯泡取下），接通工频电源，测量 U_2 值。用示波器依次观察并记录交流电压 U_2、整流输出电压 U_1（I—0）、削波电压 U_W（W—0）、锯齿波电压 U_E（E—0）、触发输出电压 U_{B_1}（B₁—0）。记录波形时，注意各波形间对应关系，并标出电压幅度及时间，记入表 1-15-3 中。

② 改变移相电位器 R_W 阻值，观察 U_E 及 U_{B1} 波形的变化及 U_{B1} 的移相范围，记入表 1-15-3 中。

表 1-15-3 单结晶体管触发电路测试结果

U_2	U_1	U_W	U_E	U_{B1}	移相范围

（2）可控整流电路。

断开工频电源，接入负载灯泡 R_L，再接通工频电源，调节电位器 R_W，使灯泡由暗到中等亮，再到最亮，用示波器观察晶闸管两端电压 U_{T1}、负载两端电压 U_L，并测量负载直流电压 U_L 及工频电源电压 U_2 有效值，记入表 1-15-4 中。

表 1-15-4　　　　　　　　　　　　可控整流电路测试结果

	暗	较亮	最亮
U_L 波形			
U_T 波形			
导通角 θ			
U_L/V			
U_2/V			

五、实验报告要求

1. 总结晶闸管导通、关断的基本条件。

2. 画出实验中记录的波形（注意各波形间对应关系），并进行讨论。

3. 对实验数据 U_L 与理论计算数据 $U_L = 0.9 U_2 \dfrac{1+\cos\alpha}{2}$ 进行比较，并分析产生误差原因。

4. 分析实验中出现的异常现象。

六、实验预习要求及思考

1. 复习晶闸管可控整流部分内容。

2. 可否用万用电表 $R \times 10 k\Omega$ 欧姆挡测试管子，为什么？

3. 为什么可控整流电路必须保证触发电路与主电路同步？本实验是如何实现同步的？

4. 可以采取哪些措施改变触发信号的幅度和移相范围？

5. 能否用双踪示波器同时观察 U_2 和 U_L 或 U_L 和 U_{T1} 波形？为什么？

实验十六　串联型晶体管直流稳压电源

一、实验目的

1. 研究单相桥式整流、电容滤波电路的特性。
2. 掌握串联型晶体管稳压电源主要技术指标的测试方法。

二、实验设备与器件

1. 模拟电子技术实验装置一台。
2. 函数信号发生器、双踪示波器、交流毫伏表、直流数字电压表、可调工频电源各一台。

3. 元器件：滑线变阻器 200Ω/1A 一个，晶体三极管 3DG6（9011）两个、3DG12（9013）一个，晶体二极管 IN4007 四个，稳压管 IN4735 一个，电阻器、电容器若干个。

三、实验原理

直流稳压电源由电源变压器、整流、滤波和稳压电路四部分组成，其原理框图如图 1-16-1 所示。电网供给的交流电压 U_1（220V，50Hz）经电源变压器降压后，得到符合电路需要的交流电压 U_2，然后由整流电路变换成方向不变、大小随时间变化的脉动电压 U_3，再用滤波器滤去其交流分量，就可得到比较平直的直流电压 U_1。但这样的直流输出电压，还会随交流电网电压的波动或负载的变动而变化。在对直流供电要求较高的场合，还需要使用稳压电路，以保证输出直流电压更加稳定。

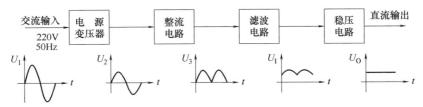

图 1-16-1　直流稳压电源框图

如图 1-16-2 所示是由分立元件组成的串联型稳压电源的电路图。其整流部分为单相桥式整流、电容滤波电路。稳压部分为串联型稳压电路，它包括：调整元件（晶体管 T_1），比较放大器 T_2、R_7，取样电路 R_1、R_2、R_W，基准电压 D_W、R_3 和过流保护电路 T_3 管及电阻 R_4、R_5、R_6 等。整个稳压电路是一个具有电压串联负反馈的闭环系统，其稳压过程为：当电网电压波动或负载变动引起输出直流电压发生变化时，取样电路取出输出电压的一部分送入比较放大器，并与基准电压进行比较，产生的误差信号经 T_2 放大后送至调整管 T_1 的基极，使调整管改变其管压降，以补偿输出电压的变化，从而达到稳定输出电压的目的。

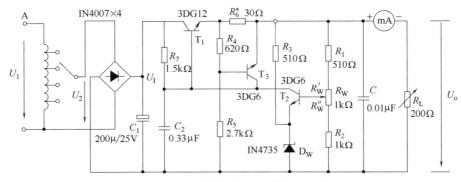

图 1-16-2　串联型稳压电源实验电路

由于在稳压电路中，调整管与负载串联，因此流过它的电流与负载电流一样大。当输出电流过大或发生短路时，调整管会因电流过大或电压过高而损坏，所以需要对调整管加以保护。在图 1-16-2 电路中，晶体管 T_3、R_4、R_5、R_6 组成减流型保护电路。此电路设计在 $I_{oP}=1.2I_o$ 时开始起保护作用，此时输出电流减小，输出电压降低。故障排除后电路应能自动恢复正常工作。在调试时，若保护提前作用，应减小 R_6 值；若保护作用迟后，则应增大 R_6 值。

稳压电源的主要性能指标如下。

1. 输出电压 U_o 和输出电压调节范围

$$U_o = \frac{R_1 + R_w + R_2}{R_2 + R_w''}(U_Z + U_{BE2})$$

调节 R_w 可以改变输出电压 U_o。

2. 最大负载电流 I_{Om}

3. 输出电阻 R_o

输出电阻 R_o 定义为：当输入电压 U_i（指稳压电路输入电压）保持不变，由于负载变化而引起的输出电压变化量与输出电流变化量之比，即

$$R_o = \frac{\Delta U_o}{\Delta I_o}\bigg|_{U_i = 常数}$$

4. 稳压系数 S （电压调整率）

稳压系数定义为：当负载保持不变，输出电压相对变化量与输入电压相对变化量之比，即

$$S = \frac{\Delta U_o / U_o}{\Delta U_i / U_i}\bigg|_{R_L = 常数}$$

由于工程上常把电网电压波动 $\pm 10\%$ 作为极限条件，因此也有将此时输出电压的相对变化 $\Delta U_o / U_o$ 作为衡量指标，称为电压调整率。

5. 纹波电压

输出纹波电压是指在额定负载条件下，输出电压中所含交流分量的有效值（或峰值）。

四、实验内容

1. 整流滤波电路测试

按图 1-16-3 所示连接实验电路。取可调工频电源电压为 $16V$，作为整流电路输入电压 U_2。

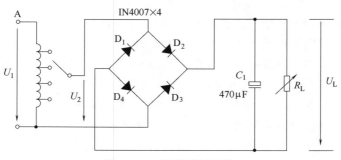

图 1-16-3 整流滤波电路

（1）取 $R_L = 240\Omega$，不加滤波电容，测量直流输出电压 U_L 及纹波电压 $\tilde{U}_L$，并用示波器观察 U_2 和 U_L 波形，记入表 1-16-1。

（2）取 $R_L=240\Omega$，$C=470\mu F$，重复（1）的要求，记入表 1-16-1 中。

（3）取 $R_L=120\Omega$，$C=470\mu F$，重复（1）的要求，记入表 1-16-1 中。

表 1-16-1　　　　　　　整流滤波电路的测试结果（$U_2=16V$）

电 路 形 式		U_L/V	$\tilde{U}_L/V$	U_L 波形
$R_L=240\Omega$				
$R_L=240\Omega$ $C=470\mu F$				
$R_L=120\Omega$ $C=470\mu F$				

注意：

① 每次改接电路时，必须切断工频电源。

② 在观察输出电压 U_L 波形的过程中，"Y 轴灵敏度"旋钮位置调好以后就不要再变动，否则将无法比较各波形的脉动情况。

2. 串联型稳压电源性能测试

切断工频电源，在图 1-16-3 基础上按图 1-16-2 所示连接实验电路。

（1）初测。稳压器输出端负载开路，断开保护电路，接通 16V 工频电源，测量整流电路输入电压 U_2，滤波电路输出电压 U_i（稳压器输入电压）及输出电压 U_o。调节电位器 R_W，观察 U_o 的大小和变化情况，如果 U_o 能跟随 R_W 线性变化，说明稳压电路各反馈环路工作基本正常。否则，说明稳压电路有故障，因为稳压器是一个深负反馈的闭环系统，只要环路中任一个环节出现故障（某管截止或饱和），稳压器就会失去自动调节作用。此时可分别检查基准电压 U_Z、输入电压 U_i、输出电压 U_o，以及比较放大器和调整管各电极的电位（主要是 U_{BE} 和 U_{CE}），分析它们的工作状态是否都处在线性区，从而找出不能正常工作的原因。排除故障以后就可以进行下一步测试。

（2）测量输出电压可调范围。接入负载 R_L（滑线变阻器），并调节 R_L，使输出电流 $I_o\approx100mA$。再调节电位器 R_W，测量输出电压可调范围 $U_{omin}\sim U_{omax}$。且使 R_W 动点在中间位置附近时 $U_o=12V$。若不满足要求，可适当调整 R_1、R_2 的值。

（3）测量各级静态工作点。调节输出电压 $U_o=12V$，输出电流 $I_o=100mA$，测量各级静态工作点，记入表 1-16-2 中。

表 1-16-2　　　　　　　　　　　各级静态工作点的测量

	T_1	T_2	T_3
U_B/V			
U_C/V			
U_E/V			

（4）测量稳压系数 S。取 $I_o=100mA$，按表 1-16-3 所列改变整流电路输入电压 U_2（模拟电网电压波动），分别测出相应的稳压器输入电压 U_1 及输出直流电压 U_o，记入表 1-16-3 中。

（5）测量输出电阻 R_o。取 $U_2=16V$，改变滑线变阻器位置，使 I_o 为空载、50mA 和 100mA，测量相应的 R_o 值，记入表 1-16-4 中。

表 1-16-3　　　　　　　　　　　稳压系数的测量

测　试　值			计算值
U_2/V	U_i/V	U_o/V	S
14			$S_{12}=$
16		12	$S_{23}=$
18			

表 1-16-4　　　　　　　　　　　输出电阻的测量

I_o/mA	U_o/V	R_o/Ω
空载		$R_{o12}=$
50	12	$R_{o23}=$
100		

（6）测量输出纹波电压。

取 $U_2=16V$，$U_o=12V$，$I_o=100mA$，测量输出纹波电压 U_o，记录之。

（7）调整过流保护电路。

① 断开工频电源，接上保护回路，再接通工频电源，调节 R_W 及 R_L，使 $U_o=12V$、$I_o=100mA$，此时保护电路应不起作用。测出 T_3 管各极电位值。

② 逐渐减小 R_L，使 I_o 增加到 120mA，观察 U_o 是否下降，并测出保护起作用时 T_3 管各极的电位值。若保护作用过早或迟后，可改变 R_6 之值进行调整。

③ 用导线瞬时短接一下输出端，测量 U_o 值，然后去掉导线，检查电路是否能自动恢复正常工作。

五、实验报告要求

1. 对表 1-16-1 所测结果进行全面分析，总结桥式整流电路、电容滤波电路的特点。

2. 根据表 1-16-3 和表 1-16-4 所测数据，计算稳压电路的稳压系数 S 和输出电阻 R_o，并进行分析。

　　3. 分析讨论实验中出现的故障及其排除方法。

六、实验预习要求及思考题

　　1. 复习教材中有关分立元件稳压电源部分内容，并根据实验电路参数估算 U_o 的可调范围及 $U_o=12V$ 时 T_1、T_2 管的静态工作点（假设调整管的饱和压降 $U_{CE1S}\approx 1V$）。

　　2. 在桥式整流电路实验中，能否用双踪示波器同时观察 U_2 和 U_L 波形，为什么？

　　3. 在桥式整流电路中，如果某个二极管发生开路、短路或反接三种情况，分别将会出现什么问题？

　　4. 为了使稳压电源的输出电压 $U_o=12V$，则其输入电压的最小值 U_{1min} 应等于多少？交流输入电压 U_{2min} 又怎样确定？

　　5. 当稳压电源输出不正常，或输出电压 U_o 不随取样电位器 R_W 而变化时，应如何进行检查找出故障所在？

　　6. 怎样提高稳压电源的性能指标（减小 S 和 R_o）？

实验十七　直流稳压电源——集成稳压器

一、实验目的

　　1. 研究集成稳压器的特点和性能指标的测试方法。
　　2. 了解集成稳压器扩展性能的方法。

二、实验设备与器件

　　1. 模拟电子技术实验装置一台。
　　2. 函数信号发生器、双踪示波器、毫伏表、直流数字电压表、可调工频电源各一台。
　　3. 元器件：三端稳压器 W7812、W7815、W7915 各一个，桥堆 2WO6（或 KBP306）一个，电阻器、电容器若干个。

三、实验原理

　　W7800、W7900 系列三端式集成稳压器的输出电压是固定的，在使用中不能进行调整。W7800 系列三端式稳压器输出正极性电压，一般有 5V、6V、9V、12V、15V、18V、24V 七个档次，输出电流最大可达 1.5A（加散热片）。同类型 78M 系列稳压器的输出电流为 0.5A，78L 系列稳压器的输出电流为 0.1A。若要求负极性输出电压，则可选用 W7900 系列稳压器。

　　图 1-17-1 为 W7800 系列的外形和接线图，它有三个引出端。标以"1"脚为输入端（不稳定电压输入端）；标以"2"脚为公共端；标以"3"脚为输出端（稳定电压输出端）。

　　除固定输出三端稳压器外，尚有可调式三端稳压器，后者可通过外接元件对输出电压进行调整，以适应不同的需要。

　　本实验所用集成稳压器为三端固定正稳压器 W7812，它的主要参数有：输出直流电

压 $U_o=+12\text{V}$，输 出 电 流 L：0.1A，M：0.5A，电压调整率 10mV/V，输出电阻 $R_O=0.15\Omega$，输入电压 $U_i=15\sim17\text{V}$。一般 U_i 要比 U_o 大 $3\sim5\text{V}$，才能保证集成稳压器工作在线性区。

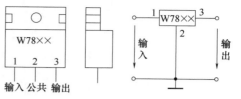

图 1-17-1　W7800 系列外形及接线图

　　如图 1-17-2 所示是用三端式稳压器 W7812 构成的单电源电压输出串联型稳压电源的实验电路图。其中整流部分采用了由四个二极管组成的桥式整流器成品（又称为桥堆），型号为 2W06（或 KBP306），内部接线和外部管脚引线如图 1-17-3 所示。滤波电容 C_1、C_2 一般选取几百到几千微法。当稳压器距离整流滤波电路比较远时，在输入端必须接入电容器 C_3（$0.33\mu\text{F}$），以抵消线路的电感效应，防止产生自激振荡。输出端电容 C_4（$0.1\mu\text{F}$）用以滤除输出端的高频信号，改善电路的暂态响应。

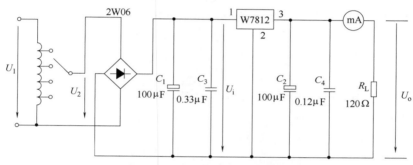

图 1-17-2　由 W7812 构成的串联型稳压电源

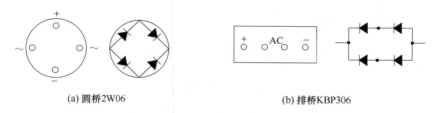

(a) 圆桥2W06　　　　　　　　　　(b) 排桥KBP306

图 1-17-3　桥堆管脚图

　　如图 1-17-4 所示为正、负双电压输出电路，例如需要 $U_{o1}=+15\text{V}$，$U_{o2}=-15\text{V}$，则可选用 W7815 和 W7915 三端稳压器，这时的 U_i 应为单电压输出时的 2 倍。

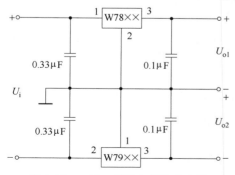

图 1-17-4　正、负双电压输出电路

　　当集成稳压器本身的输出电压或输出电流不能满足要求时，可通过外接电路来进行性能扩展。图 1-17-5 是一种简单的输出电压扩展电路。如 W7812 稳压器的 3、2 端间输出电压为 12V，因此只要适当选择 R 的值，使稳压管 D_W 工作在稳压区，则输出电压 $U_o=12+U_z$，可以高于稳压器本身的输出电压。

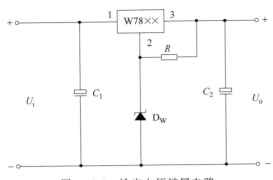

图 1-17-5　输出电压扩展电路

如图 1-17-6 所示是通过外接晶体管 T 及电阻 R_1 来进行电流扩展的电路。电阻 R_1 的阻值由外接晶体管的发射结导通电压 U_{BE}、三端式稳压器的输入电流 I_i（近似等于三端稳压器的输出电流 I_{O1}）和 T 的基极电流 I_B 来决定，即

$$R_1 = \frac{U_{BE}}{I_R} = \frac{U_{BE}}{I_i - I_B} = \frac{U_{BE}}{I_{o1} - \dfrac{I_C}{\beta}}$$

式中：I_C 为晶体管 T 的集电极电流，它应等于 $I_C = I_o - I_{o1}$；

β 为 T 的电流放大系数；

对于锗管，U_{BE} 可按 0.3 V 估算，对于硅管，U_{BE} 按 0.7 V 估算。

附：（1）如图 1-17-7 为 W7900 系列（输出负电压）外形及接线图。

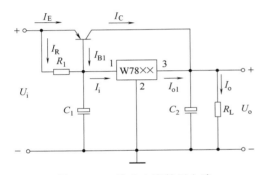

图 1-17-6　输出电流扩展电路

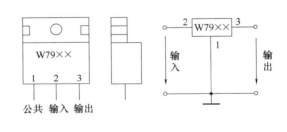

图 1-17-7　W7900 系列外形及接线图

（2）如图 1-17-8 为可调输出正三端稳压器 W317 外形及接线图。

输出电压计算公式：$U_o \approx 1.25 \left(1 + \dfrac{R_2}{R_1}\right)$

最大输入电压：$U_{im} = 40\,V$

输出电压范围：$U_o = 1.2 \sim 37\,V$

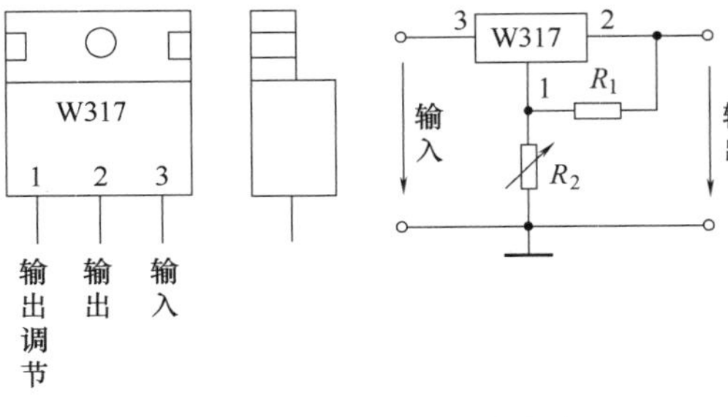

图 1-17-8　W317 外形及接线图

四、实验内容

1. 整流滤波电路测试

按图 1-17-9 所示连接实验电路，取可调工频电源 14 V 电压作为整流电路输入电压 U_2。接通工频电源，测量输出端直流电压 U_L 及纹波电压 $\tilde{U}_L$，用示波器观察 U_2、U_L 的波形，把数据及波形记入自拟表格中。

2. 集成稳压器性能测试

断开工频电源，按图 1-17-2 所示改接实验电路，取负载电阻 $R_L = 120\,\Omega$。

（1）初测。接通工频 14V 电源，测量 U_2 值；测量滤波电路输出电压 U_i（稳压器输入电压），集成稳压器输出电压 U_o，它们的数值应与理论值大致符合，否则说明电路出了故障。若出现故障，设法查找故障并加以排除。

电路经初测进入正常工作状态后，才能进行各项指标的测试。

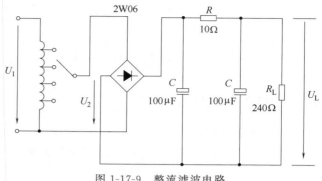

图 1-17-9　整流滤波电路

（2）各项性能指标测试。

① 输出电压 U_o 和最大输出电流 I_{oomix} 的测量。

在输出端接负载电阻 $R_L = 120\Omega$，由于 7812 输出电压 $U_o = 12\text{V}$，因此流过 R_L 的电流 $I_{omix} = \dfrac{12}{120} = 100\text{mA}$。这时 U_o 应基本保持不变，若变化较大则说明集成块性能不良。

② 稳压系数 S 的测量。

③ 输出电阻 R_o 的测量。

④ 输出纹波电压的测量。

②③④的测试方法同实验十六，把测量结果记入自拟表格中或表 1-17-1 中。

表 1-17-1　　　　　　　　　　集成稳压器各项性能指标测试表

序号	测量值						计算值	
	输入电压 U_1/V	输入电压 U_2/V	负载电阻 R_L/Ω	输出电压 U_o/V	输出电流 I_o/mA	纹波电压 /mV	稳压系数 S	输出电阻 $R_o/\text{k}\Omega$
1	14		120				$S_{12}=$	$R_{o13}=$
2	17							
3	14		240				$S_{34}=$	$R_{o24}=$
4	17							

（3）集成稳压器性能扩展。根据实验器材，选取图 1-17-4、图 1-17-5 或图 1-17-8 中各元器件，并自拟测试方法与表格，记录实验结果。

五、实验报告要求

1. 整理实验数据，计算 S 和 R_o，并与手册上的典型值进行比较。

2. 分析讨论实验中发生的现象和问题。

六、实验预习要求及思考题

1. 复习教材中有关集成稳压器部分内容。

2. 画出实验内容中所要求的各种表格。

3. 在测量稳压系数 S 和内阻 R_o 时，应怎样选择测试仪表？

实验十八　直流稳压电源设计

一、设计任务和目的要求

1. 设计任务及要求

设计并制作一个单路输出且连续可调的直流稳压电源，主要技术指标要求：

（1）输入电压：220V（±10%）；

（2）输出电压可调：$U_o = +3 \sim +9V$；

（3）最大输出电流：$I_{omax} = 800mA$；

（4）输出文波电压变化量：$\Delta U_{opp} \leqslant 5mV$；

（5）稳压系数：$S_V \leqslant 0.003$。

2. 实验目的

（1）学习基本理论在实践中综合运用的初步经验，掌握模拟电路设计的基本方法、设计步骤，培养综合设计与调试能力。

（2）学会直流稳压电源的设计方法和性能指标测试方法。

（3）培养实践技能，提高分析和解决实际问题的能力。

二、设计原理

1. 直流稳压电源设计思路

（1）电网供电电压交流 220V（有效值）50Hz，要获得低压直流输出，首先必须采用电源变压器将电网电压降低获得所需要的交流电压。

（2）降压后的交流电压，通过整流电路变成单向直流电，但其幅度变化大（即脉动大）。

（3）脉动大的直流电压须经过滤波电路变成平滑、脉动小的直流电，即将交流成分滤掉，保留其直流成分。

（4）滤波后的直流电压，再通过稳压电路稳压，便可得到基本不受外界影响的稳定直流电压输出，供给负载 RL。

2. 直流稳压电源原理

直流稳压电源是一种将 220V 工频交流电转换成稳压输出的直流电压的装置，它需要变压、整流、滤波、稳压四个环节才能完成。其结构框图如图 1-18-1 所示。

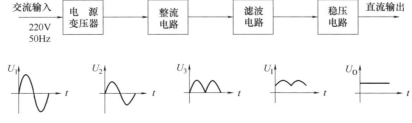

图 1-18-1　直流稳压电源框图

各部分构成电路的作用如下：

（1）电源变压器：是降压变压器，它将电网 220V 交流电压变换成符合需要的交流电压，并送给整流电路，变压器的变比由变压器的副边电压确定。

（2）整流电路：利用单向导电元件，把 50Hz 的正弦交流电变换成脉动的直流电。

（3）滤波电路：可以将整流电路输出电压中的交流成分大部分加以滤除，从而得到比较平滑的直流电压。

（4）稳压电路：稳压电路的功能是使输出的直流电压稳定，不随交流电网电压和负载的变化而变化。

直流稳压电源设计方案：

（1）采用硅稳压管并联式稳压电路。

（2）采用由集成运放、三极管、稳压管构成的串联反馈式线性稳压电路。

（3）采用三端可调式集成稳压器。

（4）采用串联或并联型开关稳压电源。

（5）采用直流变换型电源。

根据设计任务与要求，建议采用第（3）种设计方案。

三、设计参考电路

1. 确定设计电路整体结构

整流滤波电路采用桥式全波整流、电容滤波电路，稳压电路部分选用三端可调式集成稳压器 LM317 来实现，电路结构原理图如图 1-18-2 所示。

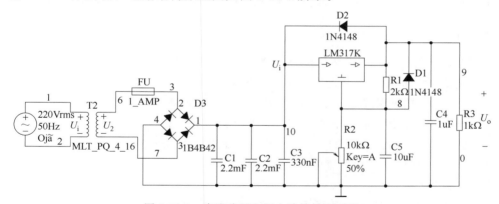

图 1-18-2　直流稳压电源电路结构原理图

2. 根据设计要求确定稳压电路

（1）317 型三端可调式集成稳压器的输入端与输出端电压之差为 3～40V（输入端电压高于输出端电压），即它的最小输入电压、输出电压差为 $(U_i - U_o)_{min} = 3V$，最大输入电压、输出电压差为 $(U_i - U_o)_{max} = 40V$；因此，317 型稳压器的输入端电压取值范围根据设计要求应该为：$9V + 3V \leqslant U_I \leqslant 3V + 40V$，即 $12V \leqslant U_I \leqslant 43V$。

（2）泻放电阻 R_1 的最大值计算式为：$R_{1max} = 1.25V/5mA = 250\Omega$，实际取值略小些，取值为 240Ω。

（3）电路输出电压对应值为：$U_o = (1 + R_{w1}/R_1) \times 1.25V$，调节电位器 R_{w1}，即可实现输出电压大小的调节。由于设计要求为：$3V \leqslant U_o \leqslant 9V$，所以 $3V \leqslant (1 + R_{w1}/R_1) \times$

$1.25V \leqslant 9V$，即电位器 R_{W1} 的范围为：$336\Omega \leqslant R_{W1} \leqslant 1.49k\Omega$，因此 R_{W1} 的固定阻值可选为 $2.2 \sim 4.7k\Omega$，以精密金属膜电位器或精密线绕电位器为佳。

（4）电容 C_5 的作用在于减小电位器两端的纹波电压，参考容值为 $10\mu F$；二极管 D_1、D_2 均是给电容提供放电回路，对 317 型稳压器起到保护作用，可选型号为 1N4148。

3. 选择电源变压器

电源变压器的原边电压为交流 220V，副边电压 U_2 的选择要根据 317 输入端的电压 U_i 来确定，一般取 $U_2 \geqslant U_{imin}/1.1 = 11V$。

电源变压器的副边电流 i_2 应大于整个直流稳压电源最大输出电流 I_{omax}（800mA），所以 I_2 应确定为 1A。

电源变压器的副边输出功率为：$P_2 \geqslant I_2U_2 = 11$（W）；若选定变压器的效率 $\eta = 0.7$，则变压器原边输入功率为：$P_1 \geqslant P_2/\eta = 1.57$（W）。所以电源变压器可选择功率为 20W 的小型变压器。

4. 选择整流二极管和滤波电容

（1）电路中的整流二极管所承受极限电压参数为：$U_{RM} \geqslant 1.1\sqrt{2}U_2 = 17V$，因此，可选 1N4001 整流二极管，它的 $U_{RM} \geqslant 50V$，$I_F = 1A$。

（2）滤波电容器的电容量可由纹波电压和稳压系数的设计参数进行确定。根据 $U_O = 9V$，$U_I = 12V$，$\Delta U_{OP-P} \leqslant 5mV$，$S_V \leqslant 3 \times 10^{-3}$，以及 $Sr = (\Delta U_O/U_O)/(\Delta U_I/U_I)$，可得：$\Delta U_I = 2.2V$；而滤波电容器的电容量近似求解表达式为：$C = I_{omax}t/\Delta U_I$，$t = T/2 = 0.01s$，所以滤波电容器的电容量计算为 $3636\mu F$，其耐压值应大于 $1.1\sqrt{2}U_2 = 17V$。因此电容滤波电路的具体实现为由 2 只 $2200\mu F/25V$ 的电解电容并联实现，即为图 1-18-2 中的 C_1、C_2。

四、调试内容

（1）为防止电路短路而损坏变压器等器件，应在电源变压器的副边接入熔断器 FU，其额定电流要略大于 I_{omax}，因此其熔断电流选为 1A。

（2）317 型三端可调式集成稳压器要加适当大小的散热片。

（3）连接调试电路按稳压电路、整流滤波电路、变压器的先后次序进行。

（4）稳压电路部分主要测试 317 型三端可调式集成稳压器是否正常工作，可在其输入端加大于 12V、小于 43V 的直流电压，调节电位器 R_{W1}，若输出电压随之变化，说明稳压电路工作正常。

（5）整流滤波电路主要检查整流二极管是否接反，在接入整流二极管和电解电容器之前要注意对其进行特性优劣检测，电解电容器要注意正、负极性。

五、实验报告要求

（1）整理实验数据，计算 S 和 R。

（2）画出设计图，分析讨论实验中发生的现象和问题。

六、实验预习要求及思考题

1. 直流稳压电源的组成及相关性能指标的计算。

2. 若在对设计电路进行调试时发现输出电压纹波较大，原因可能是什么？

第二章　模拟电子技术仿真实验

实验一　Multisim 仿真软件的使用

一、实验目的

1. 学习 Multisim 仿真软件的应用。
2. 熟悉软件各菜单功能，初步编辑原理图。
3. 学会使用各种仪器仪表。

二、实验设备与器件

1. 计算机一台。
2. 电子电路仿真软件 Multisim10。

三、实验原理

1. Multisim10 仿真软件介绍

Multisim10 仿真软件是美国 NI 公司在 2007 年年初推出的电子电路仿真软件最新版本，早在 20 世纪 90 年代就在我国电路设计和高校电子类教学领域得到了广泛的应用。该软件是在 EWB（Electronics Workbench）的基础上推出的一款更高版本的电子电路仿真设计软件，是一个专门用于电子电路仿真与设计的 EDA 工具软件，是迄今为止使用最方便、最直观的电子线路仿真软件。它增加了大量的 VHDL（VHSIC hardware description language）元件模型，可以仿真更复杂的数字电路元件，在保留了 EWB 形象直观等优点的基础上，大大增强了软件的仿真测试和分析功能，扩充了元件库中的元件数目，特别是增加了大量与实际元件对应的元件模型，如 3D 元件，还增加了安捷伦万用表、示波器、函数信号发生器等仿实物的虚拟仪器，使得仿真设计的结果更精确、更可靠、更具有实用性。

Multisim10 仿真软件凭借操作简单灵活、元件库丰富、用户界面直观、仿真功能强大等优势逐渐成为数字电路仿真的主要工具。

2. Multisim10 菜单功能

菜单栏位于软件界面的上方，通过菜单可以对 Multisim 软件的所有功能进行操作。各主菜单功能如表 2-1-1 所示。

（1）File 菜单功能介绍。File 菜单中包含了对文件和项目的基本操作以及打印等命令，各子菜单功能如表 2-1-2 所示。

表 2-1-1   Multisim 各菜单功能

命　　令	功　　能	命　　令	功　　能
File	文件管理操作	Transfer	文件格式转换
Edit	文件编辑	Tools	各种工具
View	工作区域状态显示	Report	电路状态列表
Place	元器件操作	Options	软件设置选项
MCU	微处理器	Windows	视窗

表 2-1-2   File 菜单功能介绍

命　　令	功　　能	命　　令	功　　能
New	建立新文件	Close Project	关闭项目
Open	打开文件	Version Control	版本管理
Close	关闭当前文件	Print Circuit	打印电路
Save	保存	Print Report	打印报表
Save As	另存为	Print Instrument	打印仪表
New Project	建立新项目	Recent Files	最近编辑过的文件
Open Project	打开项目	Recent Project	最近编辑过的项目
Save Project	保存当前项目	Exit	退出 Multisim

（2）Edit 菜单功能介绍。Edit 命令提供了类似于图形编辑软件的基本编辑功能，用于对电路图进行编辑，各子菜单功能如表 2-1-3 所示。

表 2-1-3   Edit 菜单功能介绍

命　　令	功　　能	命　　令	功　　能
Undo	撤销编辑	Flip Horizontal	将所选的元件左右翻转
Cut	剪切	Flip Vertical	将所选的元件上下翻转
Copy	复制	90 ClockWise	将所选的元件顺时针旋转 90°
Paste	粘贴	90 Clockwise	将所选的元件逆时针旋转 90°
Delete	删除	Component Properties	元器件属性
Select All	全选		

（3）View 菜单功能介绍。通过 View 菜单可以决定使用软件时的视图，对一些工具栏和窗口进行控制，各子菜单功能如表 2-1-4 所示。

（4）Place 菜单功能介绍。通过 Place 命令输入电路图，各子菜单功能如表 2-1-5 所示。

（5）Simulate 菜单功能介绍。通过 Simulate 菜单执行仿真分析命令，各子菜单功能如表 2-1-6 所示。

表 2-1-4　　　　　　　　　　　　**View 菜单功能介绍**

命　　令	功　　能
Toolbars	显示工具栏
Component Bars	显示元器件栏
Status Bars	显示状态栏
Show Simulation Error Log/Audit Trail	显示仿真错误记录信息窗口
Show Xspice Command Line Interface	显示 Xspice 命令窗口
Show Grapher	显示波形窗口
Show Simulate Switch	显示仿真开关
Show Grid	显示栅格
Show Page Bounds	显示页边界
Show Title Block and Border	显示标题栏和图框
Zoom In	放大显示
Zoom Out	缩小显示
Find	查找

表 2-1-5　　　　　　　　　　　　**Place 菜单功能介绍**

命　　令	功　　能
Place Component	放置元器件
Place Junction	放置连接点
Place Bus	放置总线
Place Input/Output	放置输入/输出接口
Place Hierarchical Block	放置层次模块
Place Text	放置文字
Place Text Description Box	打开电路图描述窗口，编辑电路图描述文字
Replace Component	重新选择元器件替代当前选中的元器件
Place as Subcircuit	放置子电路
Replace by Subcircuit	重新选择子电路替代当前选中的子电路

表 2-1-6　　　　　　　　　　　　**Simulate 菜单功能介绍**

命　　令	功　　能
Run	执行仿真
Pause	暂停仿真
Default Instrument Settings	设置仪表的预置值
Digital Simulation Settings	设定数字仿真参数
Instruments	选用仪表（也可通过工具栏选择）
Analyses	选用各项分析功能
Postprocess	启用后处理
VHDL Simulation	进行 VHDL 仿真
Auto Fault Option	自动设置故障选项
Global Component Tolerances	设置所有元器件的误差

（6）Transfer 菜单功能介绍。Transfer 菜单提供的命令可以完成 Multisim 对其他 EDA 软件需要的文件格式的输出，各子菜单功能如表 2-1-7 所示。

表 2-1-7   **Transfer 菜单功能介绍**

命　令	功　能
Transfer to Ultiboard	将所设计的电路图转换为 Ultiboard（Multisim 中的电路板设计软件）的文件格式
Transfer to other PCB Layout	将所设计的电路图转换为其他电路板设计软件所支持的文件格式
Backannotate From Ultiboard	将在 Ultiboard 中所作的修改标记到正在编辑的电路中
Export Simulation Results to MathCAD	将仿真结果输出到 MathCAD
Export Simulation Results to Excel	将仿真结果输出到 Excel
Export Netlist	输出电路网表文件

（7）Tools 菜单功能介绍。Tools 菜单主要针对元器件的编辑与管理的命令，各子菜单功能如表 2-1-8 所示。

表 2-1-8   **Tools 菜单功能介绍**

命　令	功　能
Create Components	新建元器件
Edit Components	编辑元器件
Copy Components	复制元器件
Delete Component	删除元器件
Database Management	启动元器件数据库管理器，进行数据库的编辑管理工作
Update Component	更新元器件

（8）Options 菜单功能介绍。通过 Option 菜单可以对软件的运行环境进行定制和设置，各子菜单功能如表 2-1-9 所示。

表 2-1-9   **Options 菜单功能介绍**

命　令	功　能
Preference	设置操作环境
Modify Title Block	编辑标题栏
Simplified Version	设置简化版本
Global Restrictions	设定软件整体环境参数
Circuit Restrictions	设定编辑电路的环境参数

（9）Help 菜单功能介绍。Help 菜单提供了对 Multisim 的在线帮助和辅助说明，各子菜单功能如表 2-1-10 所示。

表 2-1-10   **Help 菜单功能介绍**

命　　令	功　　能
Multisim Help	在线帮助
Multisim Reference	参考文献
Release Note	发行声明
About Multisim	版本说明

3. Multisim 工具栏

Multisim 提供了多种工具栏，并以层次化的模式加以管理，用户可以通过 View 菜单中的选项方便地将顶层的工具栏打开或关闭，再通过顶层工具栏中的按钮来管理和控制下层的工具栏。通过工具栏，用户可以方便直接地使用软件的各项功能。

（1）主元器件菜单（Components）功能介绍。作为元器件（Component）工具栏中的一项，可以在 Design 工具栏中通过按钮来开关 Multisim Master 工具栏。该工具栏有 14 个按钮，每一个按钮都对应一类元器件，其分类方式和 Multisim 元器件数据库中的分类相对应，通过按钮上的图标就可以大致清楚该类元器件的类型。各按钮具体功能如图 2-1-1 所示。

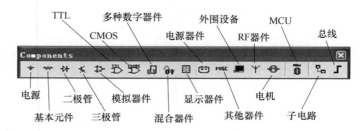

图 2-1-1 主元器件菜单（Components）功能简介

（2）仪器仪表菜单介绍。Multisim 为用户提供的所有虚拟仪器仪表及具体功能如图 2-1-2 所示，用户可以通过按钮选择自己需要的仪器对电路进行观测。

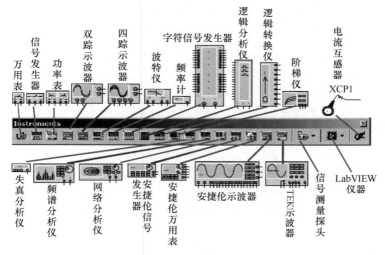

图 2-1-2 仪器仪表菜单简介

（3）用户可以通过 Zoom 工具栏方便地调整所编辑电路的视图大小，如图 2-1-3 所示。

（4）Simulation 工具栏可以控制电路仿真的开始、结束和暂停，如图 2-1-4 所示。

图 2-1-3　Zoom 工具栏

图 2-1-4　Simulation 工具栏

4. Multisim10 快捷键的使用

（1）在空白处快速双击鼠标左键就是节点；

（2）按 Ctrl＋J 组合键，然后单击鼠标左键，也可放置一节点；

（3）按 Ctrl＋T 组合键，可以在空白处添加文字；

（4）按 Ctrl＋T 组合键，可以打开元器件放置菜单；

（5）按 Ctrl＋R 组合键，可旋转元器件；

（6）按 Alt＋X 组合键，可以水平翻转器件；

（7）按 Alt＋Y 组合键，可以垂直翻转器件。

四、实验内容

编辑晶体管共射极单管放大电路，仿真原理图如图 2-1-5 所示。

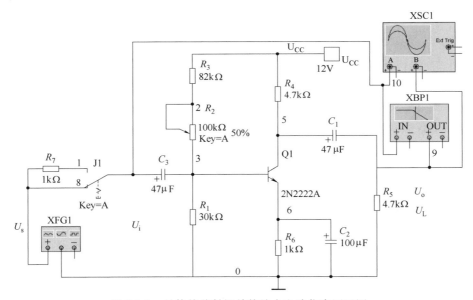

图 2-1-5　晶体管共射极单管放大电路仿真原理图

1. 建立电路文件

打开 Multisim10 基本界面，会自动打开一个空白电路文件，也可点击工具栏的新建（NEW）按钮，出现一个空白电路文件，系统自动将其命名为 Circuit 1，可在保存文件时重新命名。

2. 设计电路界面

如设电阻符号为欧洲标准，标题设计。点菜单"选项"→Global Preferences→选电阻符号为"DIN 欧洲标准"。

3. 放置元器件

放置电阻、电位器、电容器、三极管、直流电源、交流信号源、接地端、虚拟仪器等，并设置或编辑元器件的各种特性参数。

4. 连接线路

鼠标指到元器件引脚上，点击并移动鼠标拉出一条虚线到终点后再一次点击鼠标。

5. 对电路图进一步编辑处理

（1）如修改元件的参考序号；

（2）调整元件和文字标注的位置；

（3）显示电路节点；

（4）修改元件或连线的颜色；

（5）删除元件或连线；

（6）命名保存文件。

五、实验报告要求

1. 画出仿真原理图以及用示波器观察到的实验波形。

2. 简述画出仿真原理图的基本步骤及注意事项。

3. 简述使用示波器自动显示被测波形的基本步骤。

六、实验预习要求及思考题

1. 预习 Multisim 仿真软件。

2. 了解各菜单功能。

3. 了解元器件和各种仪器仪表。

实验二　晶体管共射极单管放大电路仿真实验

一、实验目的

1. 学习晶体管放大电路静态工作点的测试方法，理解电路元件参数对静态工作点的影响，以及调整静态工作点的方法。

2. 学习放大电路性能指标：电压增益 A_V、输入电阻 R_i、输出电阻 R_o 的测量方法。

3. 学会使用各种仪器仪表。

二、实验设备与器件

1. 计算机一台。

2. 电子电路仿真软件 Multisim10。

三、实验内容

打开 Multisim 软件界面，绘制电路仿真原理图，如图 2-2-1 所示。

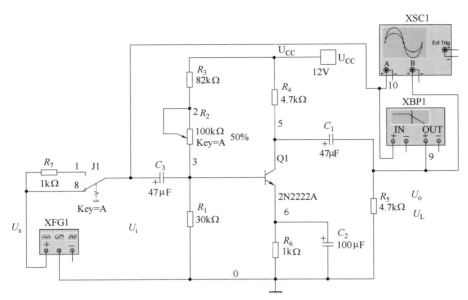

图 2-2-1　晶体管共射极单管放大电路仿真原理图

1. 仿真和调试放大器的静态工作点

（1）调节仿真图中的电位器使输出波形不失真，记录电位器的调节百分比。

首先，将开关 J1 向下拨，进行信号源参数的调节：将虚拟函数信号发生器（Signal generator）的频率调节为 $f = 1\mathrm{kHz}$，波形为正弦波，信号峰值为 $10\mathrm{mV}$，如图 2-2-2 所示。

其次，调节电位器的百分比为 50%，打开仿真开关，观察虚拟示波器中所指示的单管放大电路的仿真波形，如图 2-2-3 所示。

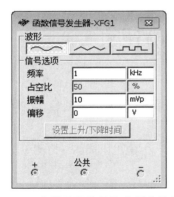

图 2-2-2　虚拟函数信号发生器参数设置

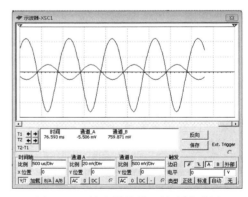

图 2-2-3　放大器的输入输出波形图

（2）放大器电位器的调节百分比不变，进行放大器的直流工作点仿真，并将仿真结果填入表 2-2-1 中。

根据实验要求，使用 Multisim10 软件的分析功能，选择 Simulate（仿真）菜单下的 Analysis（分析）功能的子菜单 DC Operating Point（直流工作点分析），弹出窗口如图 2-2-4 所示。选取原理电路 3、5、6 节点电压后仿真，如图 2-2-5 所示。

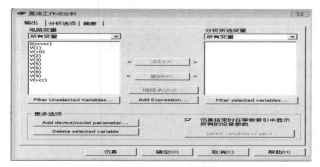

图 2-2-4　直流工作点分析弹出窗口

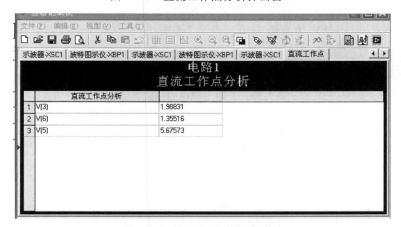

图 2-2-5　直流工作点仿真结果

表 2-2-1　　　　　　　　　　　直流工作点测试计算结果

	U_C/V	U_B/V	U_E/V	U_{CE}/V
理论计算值				
仿真测试值				

可以不断调节滑动变阻器 R_2 的大小从而改变直流工作点电压的变化，自拟表格记录，从而验证三极管的静态工作点的工作模式。

2. 放大器的电压增益、输入电阻、输出电阻、频率响应的仿真

（1）测试放大器的电压增益，并分别改变 R_4、R_5 的大小，观察其对电路放大倍数的影响，把数据填入表 2-2-2 中。

将开关 J1 向下拨，虚拟函数信号发生器（Signal generator）的频率调节为 $f = 1kHz$，波形为正弦波，信号峰值为 10mV，电位器的百分比为 50%，分别改变电阻器 R_4 和 R_5 的值，观察输出波形，保证幅度不失真。

表 2-2-2　　　　　　　　　　放大器的电压增益测试计算结果

$R_4/k\Omega$	$R_5/k\Omega$	U_i/mV	U_o/mV	A_V 实验计算值	A_V 理论计算值
4.7	∞				
4.7	4.7				
2.4	4.7				

当 R_4 和 R_5 的值均为 4.7kΩ 时，用万用表 XMM1 和 XMM2 分别测量 U_i 和 U_o，仿真结果如图 2-2-6 所示。

(2) 测量输出电阻，并将仿真结果填入表 2-2-3 中。将开关 J1 向下拨，函数信号发生器（Signal generator）的频率调节为 $f = 1kHz$，波形为正弦波，信号峰值为 10mV，电位器的百分比为 50%，适当连接电路，对放大器的输出电阻进行仿真。

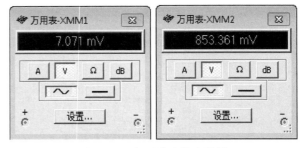

图 2-2-6　电压增益仿真结果

(3) 测量输入电阻并将仿真结果填入表 2-2-3 中。将开关 J1 向上拨，函数信号发生器（Signal generator）的频率调节为 $f = 1kHz$，波形为正弦波，信号峰值为 10mVp，电位器的百分比为 50%，适当连接电路，对放大器的输入电阻进行仿真。

表 2-2-3　　　　　　　放大器的输入、输出电阻的仿真计算结果

输入电阻的仿真 $R_7 = 1kΩ$	U_S/mV	U_i/mV	$R_i/kΩ$（实验计算值）	$R_i/kΩ$（理论计算值）
输出电阻的仿真 $R_L = 4.7kΩ$	U_O/mV	U_L/mV	$R_o/kΩ$（实验计算值）	$R_o/kΩ$（理论计算值）

(4) 放大电路的幅频特性仿真。将开关 J1 向下拨，使放大器输出信号波形不失真，仿真放大器的频响，从仿真图中求出上限频率、下限频率、中频增益，并将仿真结果填入表 2-2-4 中。

用波特图示仪对电路进行幅频特性仿真如图 2-2-7 所示。

表 2-2-4　　　　　　　放大器的幅频特性仿真结果

仿真开始频率	仿真终止频率	中频增益 A_{um}	上限频率 f_H	下限频率 f_L	通频带 f_{BW}

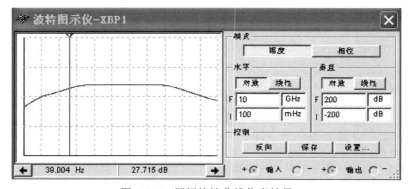

图 2-2-7　幅频特性曲线仿真结果

四、实验报告要求

1. 整理实验数据，填入表中，并按要求进行计算。
2. 总结电路参数变化对静态工作点和电压放大倍数的影响。
3. 分析输入电阻和输出电阻的测试方法。

五、实验预习要求及思考题

1. 熟悉单管放大电路性能指标测量方法。
2. 掌握不失真放大的条件。
3. 了解负载变化对放大倍数的影响。

实验三　负反馈放大器仿真实验

一、实验目的

1. 学习两级阻容耦合放大电路静态工作点的调整方法。
2. 理解负反馈对放大器性能的影响。
3. 熟悉负反馈放大电路性能指标的测试方法。

二、实验设备与器件

1. 计算机一台。
2. 电子电路仿真软件 Multisim 10。

三、实验内容

打开 Multisim 10 软件，绘制电路原理图如图 2-3-1 所示。

1. 仿真和调试基本放大器（共发射极 2 级放大器）的主要性能指标

（1）断开 J1，调节仿真图中的电位器使输出波形不失真，记录电位器的调节百分比。

（2）放大器电位器的调节百分比不变，进行放大器的直流工作点仿真，并将仿真结果填入表 2-3-1 中。

表 2-3-1　　　　　　　　　　　直流工作点仿真值

电路状态	U_{C1}/V	U_{B1}/V	U_{E1}/V	U_{C2}/V	U_{B2}/V	U_{E2}/V	U_{CE1}/V	U_{CE2}/V
开环 J1 断开								
闭环 J1 闭合								

仿真结果：

首先，进行信号源参数的调节：将虚拟函数信号发生器（Signal generator）的频率

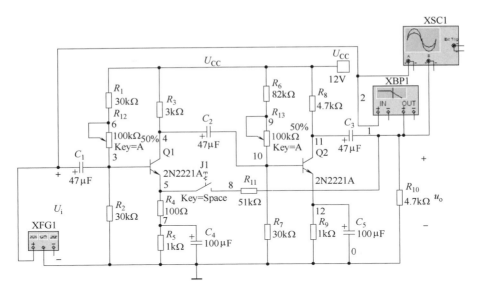

图 2-3-1　负反馈放大器仿真原理图

调节为 $f=1\text{kHz}$，波形为正弦波，信号峰值为 $U_i=2\text{mV}$。

　　其次，调节电位器的百分比，打开仿真开关，观察虚拟示波器中所指示电路的输出波形。调试后 R_{12} 和 R_{13} 电位器的百分比分别为 70% 和 50%，直流工作点仿真结果如图 2-3-2 所示。

图 2-3-2　直流工作点仿真结果

（3）进行基本放大器的电压增益的仿真，并将结果填入表 2-3-2 中。

表 2-3-2　　　　　　　　　　　　　放大器的电压增益仿真结果

电路状态	输入电压	输出电压	电压增益	可变电阻 1 比例	可变电阻 2 比例
J1 断开 基本放大器					
J1 闭合 负反馈放大器					

　　当函数信号发生器调节为 $f=1\text{kHz}$，波形为正弦波，信号峰值为 2mV 时，放大器的电压增益仿真结果如图 2-3-3 所示。

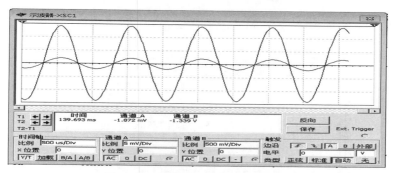

图 2-3-3　放大器电压增益仿真结果

（4）进行基本放大器的输入电阻、输出电阻的仿真，并将结果填入表 2-3-3 中。

表 2-3-3　　　　　　　　　　　　放大器的输入、输出电阻的仿真结果

	电路状态	U_S/mV	U_i/mV	R_i/kΩ
输入电阻的仿真 $R=1$kΩ	J1 断开 基本放大器			
	J1 闭合 负反馈放大器			
	电路状态	U_o/mV	U_L/mV	R_o/kΩ
输出电阻的仿真 $R_L=4.7$kΩ	J1 断开 基本放大器			
	J1 闭合 负反馈放大器			

测输入电阻：先在信号源与放大电路输入端之间串一个电阻 $R=1$kΩ 的后，用万用表 XMM1、XMM2 测量电阻 R 两端对地电压。输入电阻仿真结果如图 2-3-4 所示。

测输出电阻：用万用表 XMM1 测量电路带负载电阻 R_{10} 两端电压 U_L，XMM2 测量电路断开负载电阻 R_{10} 后输出电压 U_o，输出电阻仿真结果如图 2-3-5 所示。

图 2-3-4　输入电阻仿真结果

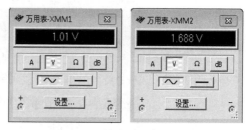

图 2-3-5　输出电阻仿真结果

（5）进行基本放大器的频响仿真，并将结果填入表 2-3-4 中。

表 2-3-4　　　　　　　　　　　　放大器的幅频特性仿真结果

电路状态	仿真开始频率	仿真终止频率	上限频率	下限频率	中频增益
J1 断开 基本放大器					
J1 闭合 负反馈放大器					

用波特图示仪对电路进行幅频特性仿真结果如图 2-3-6 所示。

通频带　　$B_W = f_H - f_L$

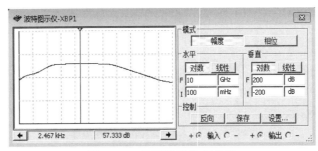

图 2-3-6　幅频特性仿真曲线

2. 仿真和调试电压串联负反馈放大器的性能指标

（1）进行电压串联负反馈放大器直流工作点仿真。闭合 J1，调节仿真图中的电位器使输出波形不失真且输出幅度为最大，记录电位器的调节百分比。进行放大器直流工作点仿真，并将仿真结果填入表 2-3-1 中。

调节后直流工作点仿真结果如图 2-3-7 所示。

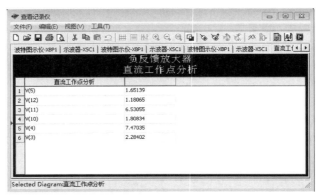

图 2-3-7　直流工作点仿真结果

（2）进行电压串联负反馈放大器的电压增益的仿真，并将结果填入表 2-3-2 中。

电压串联负反馈放大器的电压增益的仿真结果如图 2-3-8 所示。

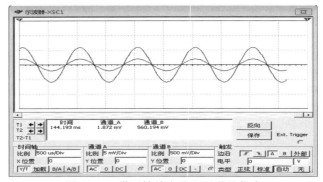

图 2-3-8　带反馈放大器电压增益仿真

（3）进行电压串联负反馈放大器输入电阻、输出电阻的仿真，并将结果填入表 2-3-3 中。

测输入电阻：先在输入端串一个电阻 $R=1\text{k}\Omega$ 后，用万用表 XMM1、XMM2 测量电阻 R 两端对地电压。输入电阻仿真结果如图 2-3-9 所示。

测输出电阻：用万用表 XMM1 测量电路带负载电阻 R_{10} 两端电压 U_L，XMM2 测量电路断开负载电阻 R_{10} 后输出电压 U_o，输出电阻仿真结果如图 2-3-10 所示。

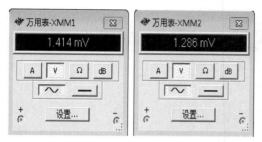

图 2-3-9 输入电阻仿真结果

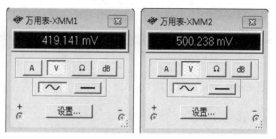

图 2-3-10 输出电阻仿真结果

（4）进行电压串联负反馈放大器的频响仿真，并将结果填入表 2-3-4 中。

有负反馈幅频特性仿真如图 2-3-11 所示。

通频带　　$BW = f_H - f_L$

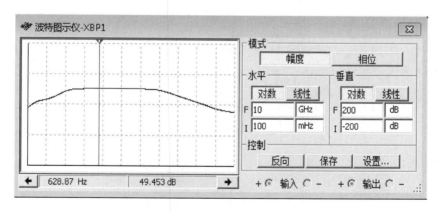

图 2-3-11 有负反馈幅频特性仿真曲线

四、实验报告要求

1. 整理实验数据，填入表中并按要求进行计算。
2. 总结负反馈对放大器性能的影响。

五、实验预习要求及思考题

1. 熟悉单管放大电路，掌握不失真放大电路的调整方法。
2. 熟悉两级阻容耦合放大电路静态工作点的调整方法。
3. 了解负反馈对放大电路性能的影响。

实验四　差分放大器仿真实验

一、实验目的

1. 掌握差分放大器的主要性能指标及基本仿真方法。
2. 熟悉直接耦合放大器的特点。

二、实验设备与器件

1. 计算机一台。
2. 电子电路仿真软件 Multisim 10。

三、实验内容

打开 Multisim 软件，绘制电路原理图如图 2-4-1 所示。

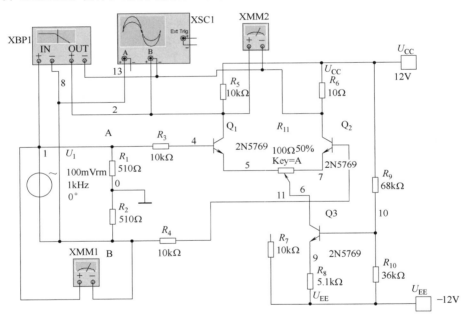

图 2-4-1　差分放大器仿真原理图

1. 放大器的静态工作点仿真

调节电位器的百分比使输出波形不失真。进行放大器直流工作点仿真，并将仿真结果填入表 2-4-1 中。

表 2-4-1　　　　　　　　　　　　直流工作点仿真结果

三极管	U_C	U_B	U_E	U_{CE}
Q1				
Q2				
Q3				

调节电位器为 50％后进行放大器直流工作点仿真，结果如图 2-4-2 所示。

图 2-4-2 差分放大器直流工作点仿真结果

2. 差模电压增益、频率响应仿真

（1）放大器差模电压增益仿真。使输出波形不失真，进行放大器差模电压增益仿真，并将仿真结果填入表 2-4-2 中。

表 2-4-2 差模电压增益仿真结果

仿真方法	输入电压	输出电压	差模电压增益
双端输入双端输出	100mV		
双端输入单端输出	100mV		

当交流信号调节为 $f=1\text{kHz}$，幅值为 100mV 时，万用表 XMM1 测输入电压，万用表 XMM2 测输出电压。双端输入双端输出仿真结果如图 2-4-3 所示。

（2）放大器频率响应仿真。使输出波形不失真，仿真差分放大器的差模频率特性，并从仿真图中求出上限频率、中频增益，填入表 2-4-3 中。

图 2-4-3 双端输入、双端输出差模电压增益仿真

表 2-4-3 差模频率响应仿真结果

仿真方法	仿真起始频率	仿真终止频率	上限频率	中频增益
双端输入双端输出				
双端输入单端输出				

双击波特图示仪双端输入双端输出差模频率特性仿真，上限频率仿真结果如图 2-4-4 所示。

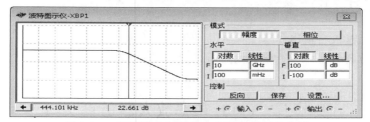

图 2-4-4 双端输入双端输出差模频率特性曲线

3. 共模电压增益、频率响应仿真

（1）放大器共模电压增益仿真。进行放大器共模电压增益仿真，并将仿真结果并填入

表 2-4-4 中。

表 2-4-4 　　　　　　　　　　共模电压增益仿真结果

仿真方法	输入电压	输出电压	共模电压增益
双端输入双端输出			
双端输入单端输出			

万用表 XMM1 测输入电压，万用表 XMM2 测输出电压双端输入双端输出共模电压增益仿真如图 2-4-5 所示。

图 2-4-5　双端输入双端输出共模电压增益仿真

（2）放大器频率响应仿真。使输出波形不失真，仿真差分放大器的共模频率特性，并从仿真图中求出上限频率、中频增益并填入表 2-4-5 中。

表 2-4-5 　　　　　　　　　　共模频率响应仿真结果

仿真方法	仿真起始频率	仿真终止频率	上限频率	中频增益
双端输入单端输出				

双击波特图示仪双端输入单端输出共模频率特性仿真，如图 2-4-6 所示。

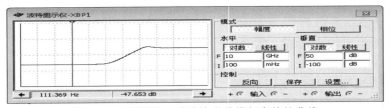

图 2-4-6　双端输入单端输出共模频率特性曲线

四、实验报告要求

1. 整理实验数据，填入表中并按要求进行计算。
2. 总结带有恒流源差分放大器对放大器性能的影响。

五、实验预习要求及思考题

1. 熟悉单端输入与输出和双端输入与输出的差分放大电路。
2. 了解差分放大器对放大倍数的影响，以及其对零点漂移的抑制。

实验五　OTL 功率放大器仿真实验

一、实验目的

1. 掌握功率放大电路直流工作点的调节方法。

2. 掌握功率放大器的主要性能指标的测试方法。

3. 熟悉功率放大器偏置电路的特点。

二、实验设备与器件

1. 计算机一台。

2. 电子电路仿真软件 Multisim10。

三、实验内容

打开 Multisim 软件，绘制电路原理图如图 2-5-1 所示。

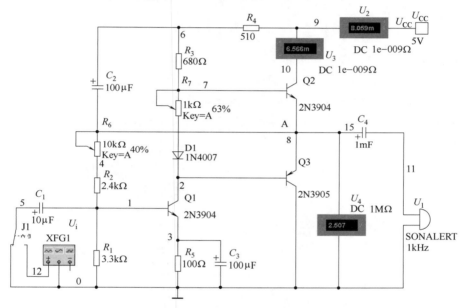

图 2-5-1　OTL 功率放大电路

1. 放大器静态工作点的仿真和调试

按图 2-5-1 电路，将开关 J1 拨向左边，调节仿真图中的电位器 R_{w1} 即 R_6 使直流电压表 U_4 显示 A 点电位为 $U_A = \frac{1}{2}U_{CC}$；调节 R_{w2} 即 R_7，使 Q_2、Q_3 管的 $I_{C2} = I_{C3} = 5\sim10$mA。

进行放大器直流工作点仿真，并将仿真结果填入表 2-5-1 中。

表 2-5-1　　　　　　　　　　放大器直流工作点仿真结果

三极管	U_C	U_B	U_E	U_{CE}
Q_1				
Q_2				
Q_3				

仿真结果：调试后电位器 R_{w1} 和 R_{w2} 百分比分别为 40% 和 63%，直流工作点仿真结果如图 2-5-2 所示。

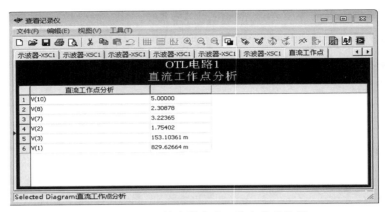

图 2-5-2　OTL 放大器直流工作点仿真结果

2. 最大输出功率 P_{0m} 和效率 η 的测试

按图 2-5-3 改接电路，将开关 J1 拨向右边，仿真图中的电位器 R_{W1} 和 R_{W2} 的百分比不变，设置函数信号发生器 XFG1，使其输出 $f=1\text{kHz}$，$U_i=10\text{mV}$ 的正弦波。

闭合仿真开关，打开示波器观察输出电压 U_o 波形，逐渐增大 U_i，使输出电压达到最大不失真。并将仿真结果填入表 2-5-2 中。

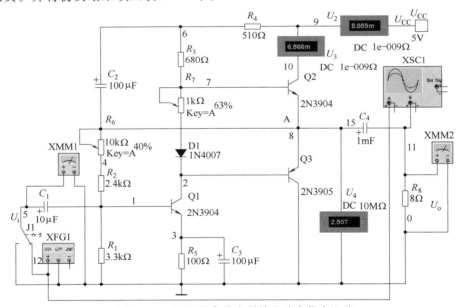

图 2-5-3　OTL 功率放大器输出功率仿真电路

表 2-5-2　　　　　　　　　　　放大器的输出功率和效率

负载电阻 R_L	输入电压 U_i	输出电压 U_{om}	直流电源电流 I_{dc}	输出功率 P_{om}	直流电源供给的平均功率 P_E	效率 η
8Ω						
2kΩ						
15kΩ						
16Ω						

仿真结果：

当 $R_L=8\Omega$ 时，函数信号发生器调节为 $f=1\text{kHz}$，波形为正弦波，信号峰值为 18mV 时，输入、输出波形仿真如图 2-5-4 所示。最大不失真输出电压为 401.86mV，如图 2-5-5 万用表 XMM1 和 XMM2 所示。由直流电流表 U_2，可读出直流电源供给的平均电流 I_{dc}，可计算出最大输出功率 P_{om}、直流电源供给的平均功率 P_E 和效率 η。

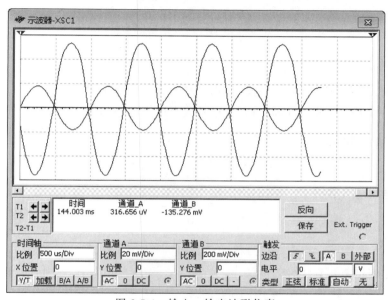

图 2-5-4　输入、输出波形仿真

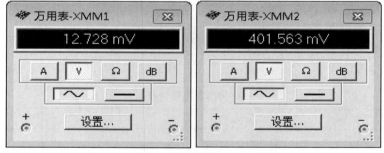

图 2-5-5　输入、输出信号万用表测试结果

3. 测量电压放大倍数 A_v

（1）测量带有自举电路的最大输出电压 U_{om} 和输入电压 U_i 并计算 A_v。

（2）测量不带有自举电路，即将 C2 开路、R 短路后再测量最大输出电压 U_{om} 和输入电压 U_i 并计算 A_v。

四、实验报告要求

1. 整理实验数据，填入表中并按要求进行计算。

2. 在 OTL 功率放大器中调节静态工作点时，哪个电位器的调节作用明显？为什么？

3. 放大器中电阻 R_1、R_2 的作用是什么？

五、实验预习要求及思考题

1. 交越失真产生的原因是什么？怎样克服交越失真？

2. 电路中电位器 R_{w2} 如果开路或短路，对电路工作有何影响？

实验六 模拟运算电路仿真实验

一、实验目的

1. 掌握在 Multisim 平台上进行集成运算放大器仿真实验的方法。

2. 掌握应用集成运算放大器 uA741 构成基本运算电路的方法，测定它们的运算关系。

二、实验设备与器件

1. 计算机一台。

2. 电子电路仿真软件 Multisim 10。

三、实验内容

1. 反相比例运算仿真电路

打开 Multisim 软件，按照图 2-6-1 所示连接电路原理图。

不断改变输入电压 U_i 的大小，并根据虚拟示波器读数指针所在位置，或按万用表显示读出 U_i 和 U_o 的示数，并将结果填入表 2-6-1 中。

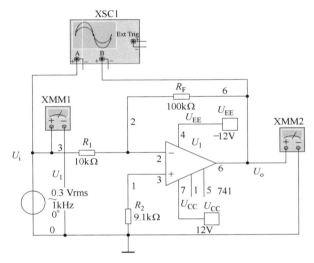

图 2-6-1 反相比例运算仿真电路图

表 2-6-1　　　　　　　　反相比例运算电路仿真结果

输入交流信号 U_i/V	0.3	0.5	0.8
理论计算值 U_o/V			
实际测量值 U_o/V			
实际放大倍数 A_v			

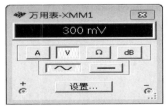
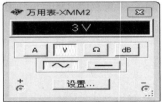

图 2-6-2 反相比例运算电路万用表仿真结果

当交流信号调节为 $f = 1\text{kHz}$，$U_i = 0.3\text{V}$ 时，万用表 XMM1 和 XMM2 仿真结果如图 2-6-2 所示。

示波器 XSC1 仿真结果如图 2-6-3 所示：

画 U_i 和 U_o 波形如图 2-6-4

所示。

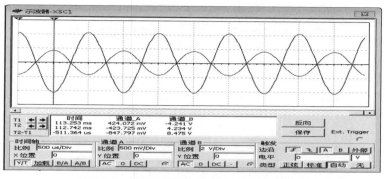

图 2-6-3　反相比例运算电路示波器仿真结果

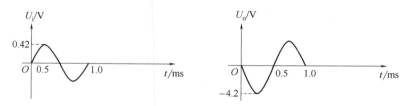

图 2-6-4　U_i 和 U_o 波形

2. 同相比例运算仿真电路

打开 Multisim 软件，按照图 2-6-5 所示连接电路原理图。

不断改变输入电压 U_i 的大小，并根据虚拟示波器读数，或按万用表显示读出 U_i 和 U_o 的示数，并将结果填入表 2-6-2 中。

当交流信号调节为 $f =$ 1kHz，$U_i = 0.1$V 时，仿真结果万用表显示如图 2-6-6 所示。

3. 加法运算仿真电路

打开 Multisim 软件，按照图 2-6-7 所示连接电路原理图。

不断改变输入电压 U_{i1} 和 U_{i2} 的大小，并根据万用表显示读出 U_{i1} 和 U_{i2} 及 U_o 的示数，并将结果填入表 2-6-3 中。

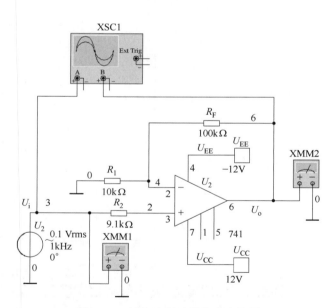

图 2-6-5　同相比例运算仿真电路图

表 2-6-2　　　　　　　　　　同相比例运算电路仿真结果

输入交流信号 U_i/V	0.1	0.3	0.5	0.8
理论计算值 U_o/V				
实际测量值 U_o/V				
实际放大倍数 A_v				

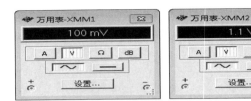

图 2-6-6　同相比例运算电路仿真结果

当交流信号调节为 $f=1\text{kHz}$、$U_{i1}=0.2\text{V}$，交流信号调节为 $f=1\text{kHz}$、$U_{i2}=0.4\text{V}$ 时，万用表 XMM1 测 U_{i1}，万用表 XMM2 测 U_{i2}，万用表 XMM3 测 U_o，仿真结果如图 2-6-8 所示。

表 2-6-3　　　　　　　　　　　　　加法运算电路仿真结果

输入交流信号 U_{i1}/V	0.1	0.2	0.2	0.3
输入交流信号 U_{i2}/V	0.3	0.6	0.4	0.5
理论计算值 U_o/V				
实际测量值 U_o/V				

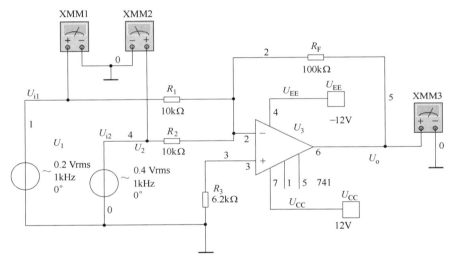

图 2-6-7　加法运算仿真电路

图 2-6-8　加法运算仿真结果

4. 减法运算仿真电路

打开 Multisim 软件，按照图 2-6-9 所示连接电路原理图.

不断改变输入电压 U_{i1} 和 U_{i2} 的大小，并根据万用表显示读出 U_{i1} 和 U_{i2} 及 U_o 的示数，并将结果填入表 2-6-4 中。

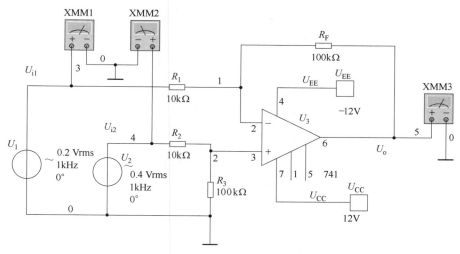

图 2-6-9　减法运算仿真电路图

表 2-6-4　　　　　　　　　　　减法运算电路仿真结果

输入交流信号 U_{i1}/V	0.1	0.2	0.3	0.3
输入交流信号 U_{i2}/V	0.5	0.6	0.8	0.9
理论计算值 U_o/V				
实际测量值 U_o/V				

当交流信号调节为 $f=1kHz$，$U_{i1}=0.2V$，$U_{i2}=0.4V$ 时，万用表 XMM1 测 U_{i1}，万用表 XMM2 测 U_{i2}，万用表 XMM3 测 U_o，仿真结果如图 2-6-10 所示。

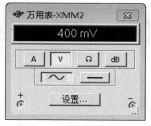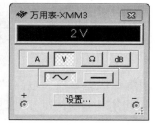

图 2-6-10　减法运算仿真结果

5．积分运算电路

打开 Multisim10 软件，按照图 2-6-11 所示连接电路原理图。

设计函数信号发生器 XFG1，使其输出频率为 1kHz、幅度为 100mV 的方波信号。

打开示波器窗口，仿真结果如图 2-6-12 所示。观察 U_i 和 U_o 波形可知，积分电路将输入的方波信号转换为三角波信号输出。

四、实验报告要求

1．整理实验数据，填入表中。

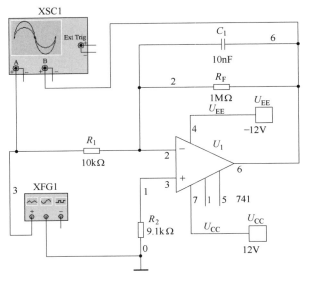

图 2-6-11　积分运算电路仿真图

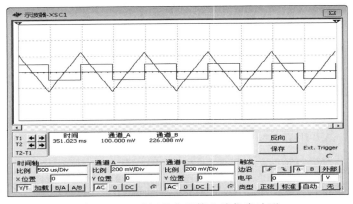

图 2-6-12　反相积分运算电路仿真波形

2. 理解集成运算放大电路的工作原理和工作方式。

3. 分析并理解比例运算电路的异同点。

五、实验预习要求及思考题

反相比例、同相比例、加法、减法运算电路的连接方式及输出电压与输入电压之间的计算。

实验七　电压比较器仿真实验

一、实验目的

1. 掌握应用集成运算放大器 uA741 构成电压比较器的方法。

2. 掌握在 Multisim 平台上进行测试电压比较器的方法。

二、实验设备与器件

1. 计算机一台。

2. 电子电路仿真软件 Multisim 10。

三、实验内容

1. 过零比较器

打开 Multisim 软件，创建电路，如图 2-7-1 所示。

设置函数信号发生器 XFG1 使其输出 $f = 500\text{Hz}$，$U_{ip} = 2\text{V}$ 的正弦波。

打开示波器窗口，观察 U_i 和 U_o 的波形，仿真结果如图 2-7-2 所示。

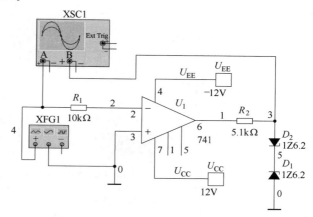

图 2-7-1　过零比较器仿真电路

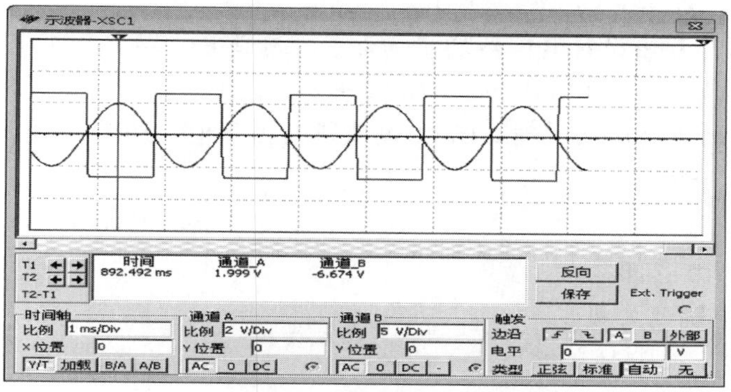

改变 U_i 幅值，观察 U_i 和 U_o 波形，置正弦波 $f = 500\text{Hz}$，$U_{ip} = 4\text{V}$ 仿真结果如图 2-7-3 所示。

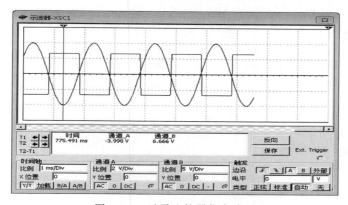

图 2-7-2　过零比较器仿真波形

图 2-7-3　过零比较器仿真波形

2. 反相滞回比较器

（1）创建仿真电路。打开 Multisim10 软件，创建反相滞回比较器仿真电路1，如图 2-7-4 所示。反相输入端接入直流电源。

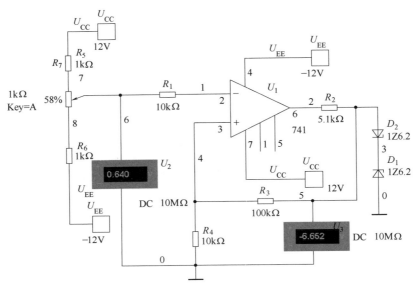

图 2-7-4　反相滞回比较器仿真电路1

（2）仿真测试。双击设置电位器增量为 2％，调节电位器 R7 测出 U_o 由 $+U_{omax} \to -U_{omax}$ 时 U_I 的临界值 U_{T+} 和测出 U_o 由 $-U_{omax} \to +U_{omax}$ 时 U_I 的临界值 U_{T-}。

当 R7 的百分比减少到 42％时，U_o 由负值跳变为正值，此时 U_I 值为 -0.64V，该值即为 U_o 由 $-U_{omax} \to +U_{omax}$ 时 U_I 的临界值 U_{T-}。

当 R_7 的百分比增加到 58％时，U_o 由正值跳变为负值，此时 U_I 值为 $+0.64\text{V}$，该值即为 U_o 由 $+U_{omax} \to -U_{omax}$ 时 U_I 的临界值 U_{T+}。

（3）修改电路如图 2-7-5 所示。

设置函数信号发生器 XFG1 使其输出 $f=500\text{Hz}$，$U_{ip}=2\text{V}$ 的正弦波。

打开示波器窗口，观察 U_i 和 U_o 波形，仿真结果如图 2-7-6 所示。

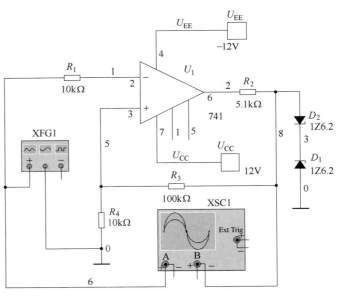

图 2-7-5　反相滞回比较器仿真电路2

当 U_I 减少到临界值 U_{T-}（-0.64V）左右时，U_o 由负值跳变为正值，见读数指针 T1 处；当 U_I 增加到临界

值 U_{T+}（＋0.64V）左右时，U_o 由正值跳变为负值，见读数指针 T2 处，由此理解滞回比较器的特性。

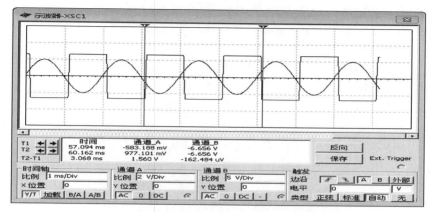

图 2-7-6　反相滞回比较器仿真电路 2 仿真结果

四、实验报告要求

1. 整理实验数据及波形。
2. 理解集成运算放大电路的工作原理和工作方式。

五、实验预习要求及思考题

过零比较器、反相滞回比较器、同相滞回比较器、窗口比较器的连接方式及输出电压与输入电压之间的关系。

实验八　波形发生器仿真实验

一、实验目的

1. 掌握应用集成运算放大器组成正弦波、方波及三角波发生器的方法。
2. 掌握波形发生器的调整和测试的方法。

二、实验设备与器件

1. 计算机一台。
2. 电子电路仿真软件 Multisim 10。

三、实验内容

1. RC 桥式正弦波振荡器（文氏电桥振荡器）

打开 Multisim10 软件，创建电路如图 2-8-1 所示。

（1）闭合仿真开关，调节电位器 R_W，使输出波形从无到有，从正弦波正常到出现失真。描绘 U_o 的波形，记下临界起振、正弦波输出及失真情况下的 R_W 值，分析负反馈强

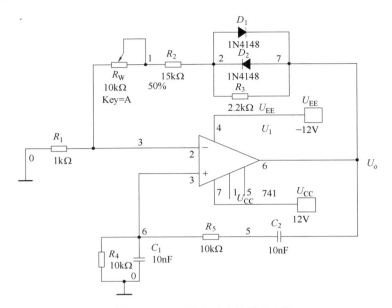

图 2-8-1　RC 桥式正弦波振荡电路

弱对起振条件及输出波形的影响。

（2）调节电位器 R_W，使输出电压 U_o 幅值最大且不失真，用交流毫伏表分别测量输出电压 U_o、反馈电压 U_+ 和 U_-，分析研究振荡的幅值条件。

（3）用示波器或频率计测量振荡频率 f_0，然后在选频网络的两个电阻 R 上并联同一阻值电阻，观察记录振荡频率的变化情况，并与理论值进行比较。

（4）断开二极管 D_1、D_2，重复（2）的内容，将测试结果与（2）进行比较，分析 D_1、D_2 的稳幅作用。

（5）RC 串并联网络幅频特性观察

将 RC 串并联网络与运放断开，由函数信号发生器注入 3V 左右正弦信号，并用双踪示波器同时观察 RC 串并联网络输入、输出波形。保持输入幅值（3V）不变，从低到高改变频率，当信号源到达某一频率时，RC 串并联网络输出将达最大值（约 1V），且输入、输出同相位。此时的信号源频率

$$f = f_0 = \frac{1}{2\pi RC}$$

仿真结果：

当电位器 R_W 调至百分比小于 30％时电路不能振荡。当电位器 R_W 调至百分比为 30％～35％时，电路能振荡且输出波形正常，如图 2-8-2 所示。

当电位器 R_W 调至百分比大于 35％时，输出波形失真如图 2-8-3 所示。由此理解负反馈强弱对起振条件及输出波形的影响。

当 R_W 调至百分比为 35％时，U_o＝7.614V，反馈电压 U_+＝U_-＝2.538V，频率计测量振荡频率 f_0＝1.578kHz。

2. 方波发生器

打开 Multisim 软件，创建电路，如图 2-8-4 所示。

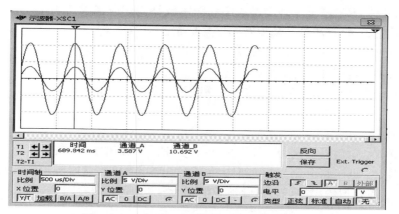

图 2-8-2　RC 桥式正弦波振荡电路仿真波形

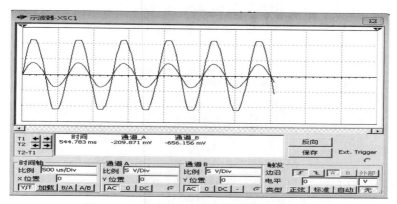

图 2-8-3　RC 桥式正弦波振荡电路仿真波形

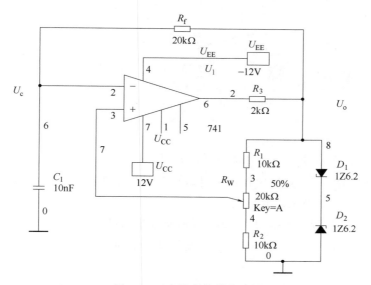

图 2-8-4　方波发生器电路图

（1）将电位器 R_W 调至中心位置，用双踪示波器观察并描绘方波 U_o 及三角波 U_C 的波形（注意对应关系），测量其幅值及频率并记录。

（2）改变 R_W 动点的位置，观察 U_o、U_C 幅值及频率变化情况。把动点调至最上端和最下端，测出频率范围并记录。

（3）将 R_W 恢复至中心位置，将一只稳压管短接，观察 U_o 波形，分析 D_Z 的限幅作用。

仿真结果：

当电位器 R_W 调至百分比为 50% 时，仿真输出波形如图 2-8-5 所示。

当电位器 R_W 调至百分比为 80% 时，仿真输出波形如图 2-8-6 所示。输出方波幅值不变，保持为 6.8V，但频率变低，三角波幅值变大。

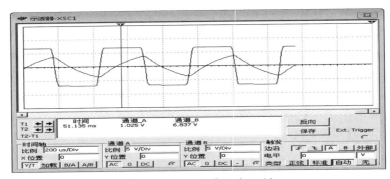

图 2-8-5　R_W 百分比为 50%

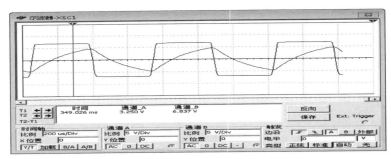

图 2-8-6　R_W 百分比为 80%

3. 三角波和方波发生器

打开 Multisim10 软件，创建电路如图 2-8-7 所示。

（1）将电位器 R_W 调至合适位置，用双踪示波器观察并描绘三角波输出 U_o 及方波输出 U_o'，测其幅值、频率及 R_W 值，记录之。

（2）改变 R_W 的位置，观察对 U_o、U_o' 幅值及频率的影响。

（3）改变 R_1（或 R_2），观察对 U_o、U_o' 幅值及频率的影响。

仿真结果：

当电位器 R_W 调至百分比为 50%，电阻 $R_2 = 20k\Omega$ 时，仿真输出波形如图 2-8-8 所示。增大电位器 R_W 百分比可观察到信号频率增大，但方波、三角波幅值均不变，由此理

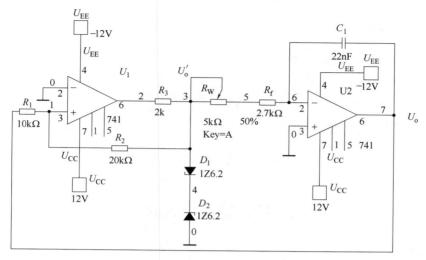

图 2-8-7　三角波和方波发生器电路

解 R_W 对输出信号频率的影响。

　　当电位器 R_W 调至百分比为 50%，电阻 $R_2 = 40\mathrm{k\Omega}$ 时，仿真输出波形如图 2-8-9 所示。可观察到信号频率增大，方波幅值不变，但三角波幅值减少了 1/2，由此理解 R_2 对输出信号频率以及三角波幅值的影响。

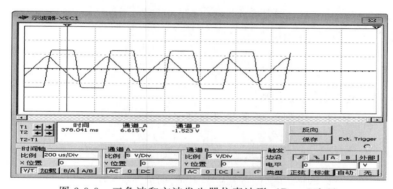

图 2-8-8　三角波和方波发生器仿真波形（$R_2 = 20\mathrm{k\Omega}$）

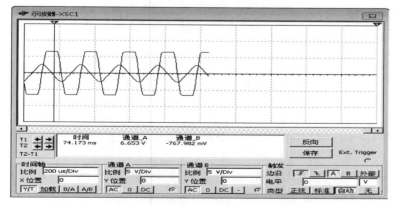

图 2-8-9　三角波和方波发生器仿真波形（$R_2 = 40\mathrm{k\Omega}$）

四、实验报告要求

1. 整理实验数据及波形。
2. 理解集成运算放大电路的工作原理和工作方式。
3. 集成运算放大器组成正弦波、方波及三角波发生器的方法。

五、实验预习要求及思考题

了解正弦波、方波及三角波发生器的连接方式及电路的振荡频率和幅值的计算公式。

实验九　直流稳压电源仿真实验

一、实验目的

1. 掌握串联型晶体管直流稳压电源和集成直流稳压电源的组成。
2. 掌握直流稳压电源的输出电阻、稳压系数、纹波电压等主要性能指标的测试方法。

二、实验设备与器件

1. 计算机一台。
2. 电子电路仿真软件 Multisim10。

三、实验内容

1. 串联型晶体管直流稳压电源

打开 Multisim 软件，绘制电路原理图如图 2-9-1 所示。

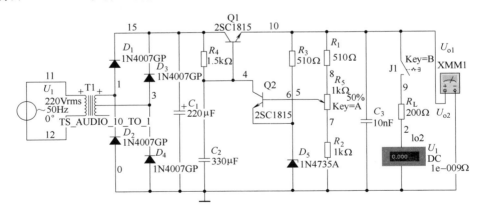

图 2-9-1　串联型直流稳压电源电路

（1）测量输出电压 U_o 变化范围。断开 J1，调节电位器 R_w 观察输出电压 U_o 的变化情况，并用万用表测量输出电压的最大值 U_{omax} 和最小值 U_{omin}。

（2）测量输出电阻 R_o。

首先，保持 R_w 的百分比为 50％，保持输入电压 U_1 为 220V 不变。

接着，断开 J1，测量输出电压 U_{o1}。

然后，闭合 J1，测量输出电压 U_{o2} 和输出电流 I_{o2}，计算输出电阻 $R_o = (U_{o1} - U_{o2})/I_{o2}$。

（3）测量稳压系数 Sr。

闭合 J1，调节输入电压 U_1 在 ±10％ 的范围变化，测量输出电压相应的变化值 ΔU_o，计算电路的稳压系数 Sr。

（4）测量纹波电压。

首先，放置示波器，使用示波器 A 端与稳压电路的输出端相连。

然后，闭合 J1，观察示波器显示 U_o 的波形，如图 2-9-2 所示。可直接读出在负载电阻为 200Ω 条件下的纹波电压峰-峰值。注意应该采用示波器的交流（AC）耦合方式。

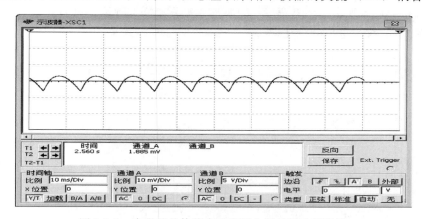

图 2-9-2　串联型晶体管直流稳压电源纹波电压波形

2. 集成直流稳压电源电路

（1）创建电路。集成直流稳压电源电路如图 2-9-3 所示。

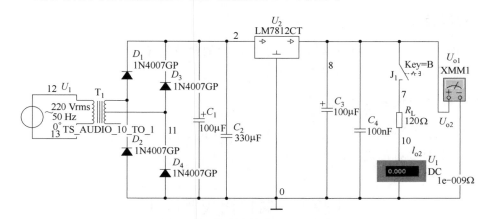

图 2-9-3　集成直流稳压电源电路

（2）仿真测试。

① 闭合仿真开关。

② 测量输出电压 U_o。

断开 J1，用万用表 XMM1 测量输出电压。

③ 测量输出电阻 R_o。

首先，保持输入电压 U_1 为 220V 不变，断开 J1，测量输出电压 U_{o1}。

然后，闭合 J1，测量输出电压 U_{o2} 和输出电流 I_{o2}，计算输出电阻 $R_o = (U_{o1} - U_{o2})/I_{o2}$。

④ 测量稳压系数 S_r。

闭合 J1，调节输入电压 U_1 在 $\pm 10\%$ 的范围变化，测量输出电压相应的变化值 ΔU_o，计算电路的稳压系数 S_r。

⑤ 测量纹波电压。

首先，放置示波器，使用示波器 A 端与稳压电路的输出端相连。

然后，闭合 J1，观察示波器显示 U_o 波形，如图 2-9-4 所示。可直接读出在负载电阻为 120Ω 条件下的纹波电压峰-峰值。

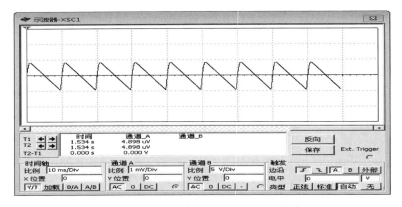

图 2-9-4　集成稳压电源纹波电压波形

四、实验报告要求

1. 整理实验数据，计算 S 和 R_o，并与手册上的典型值进行比较。

2. 分析讨论实验中发生的现象和问题。

五、实验预习要求及思考题

1. 串联型晶体管直流稳压电源和集成直流稳压电源的组成。

2. 主要性能指标的定义、计算公式及测试方法。

实验十　窗口比较器设计

一、实验目的

1. 学会用 Multisim 10 软件设计越限报警电路（窗口比较器）。

2. 学会用 Multisim 10 软件仿真电路，并掌握设计窗口比较器的仿真调试和参数的仿真测量方法。

3. 设计一个越限报警电路（窗口比较器）。

二、实验设备与器件

1. 计算机一台。

2. 电子电路仿真软件 Multisim10。

三、实验原理

设计一个越限报警电路，要求上、下限报警动作值 U_{iL} 和 U_{iH} 可调，具有越限报警单元，并用不同颜色（红、黄、绿）的发光二极管指示工作区。其电压传输特性如图 2-10-1 所示。

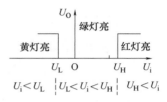

图 2-10-1 越限报警电路电压传输特性

越限报警电路的实现电路如图 2-10-2 所示。越限报警电路由单限比较器 A_1 和 A_2 构成，其中 A_1 的比较门限电压 U_{iL}，A_2 的比较门限电压 U_{iH}。

当被比较的信号电压 U_i 位于两个门限电压之间时 $(U_{iL} < U_i < U_{iH})$，输出为低电位 $(U_o = U_{oL})$；当 U_i 不在两个门限电压范围之间时 $(U_i > U_{iH}$ 或 $U_i < U_{iL})$，输出为高电位 $(U_o = U_{oH})$。窗口电压 $\Delta U = U_{iH} - U_{iH}$ 可用来判断输入信号电位是否位于指定门限电位之间。图 2-10-2（b）所示为越限报警电路的电压传输特性。

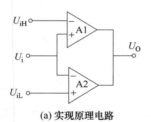
(a) 实现原理电路

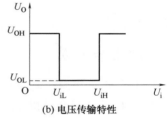
(b) 电压传输特性

图 2-10-2 窗口比较器构成框图及电压传输特性

参考电路：

图 2-10-3 为用 EWB 设计的一种参考电路，其工作原理分析如下：

1. 当 $U_i > U_{iH}$ 时，$U_{o1} = U_{om} = 10V$，$U_{o2} = -U_{om} = -10V$，D_1 导通，D_2 截止，$U_o = U_{oH} = 10V$，红灯亮。

2. 当 $U_i < U_{iL}$ 时 $U_{o2} = U_{om} = 10V$，$U_{o1} = -U_{om} = -10V$，D_2 导通，D_1 截止，$U_o = U_{oH} = 10V$，黄灯亮。

3. 当 $U_{iL} < U_i < U_{iH}$ 时，$U_{o1} = U_{o2} = 0V$，D_1、D_2 均截止，$U_o = U_{oL} = 0V$，绿灯亮。

四、实验内容

（1）根据设计任务和性能指标要求，确定电路方案，计算并选取该电路的各个元器件及其参数。

（2）仿真已设计好的越限报警电路，调整 $U_{iL} = -2.5V$、$U_{iH} = 2.5V$ 时，改变输入电压大小，观测红、黄、绿灯的变化情况，并记录相应的电压值。最后对上述测试值进行分

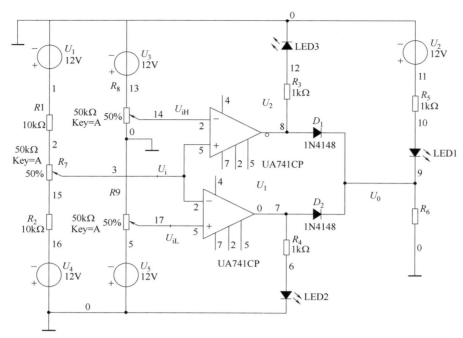

图 2-10-3　越限报警电路参考电路

析和总结。

五、实验报告要求

1. 设计画好电路图，整理实验数据。

2. 分析和总结电路特点并分析讨论实验中发生的现象和问题。

六、实验预习要求及思考题

1. 在图 2-10-3 所示电路中，若 U_{o1}、U_{o2} 输出约为 10V、发光二极管压降约为 2V、流过电流约为 10mA 时，试确定限流电阻 R_3、R_4、R_5 的值。

2. 分析和总结电路特点。

第三章　数字电子技术基础实验

实验一　基本逻辑门的功能测试

一、实验目的

1. 掌握了解 TTL 系列、CMOS 系列外形及逻辑功能。
2. 熟悉各种门电路的测试方法。
3. 熟悉集成电路的引脚排列，掌握如何在实验箱上接线，接线时的注意事项。

二、实验设备与器件

1. 数字电子技术实验装置一台。
2. 元器件：74LS00（CC4011）、74LS28（CC4001）、74LS86（CD4030）各一片。

三、实验原理

门电路是最基本的逻辑元件，它能实现最基本的逻辑功能，即其输入与输出之间存在一定的逻辑关系。TTL 集成门电路的工作电压为"5V（±10%）"。本实验中使用的 TTL 集成门电路是双列直插型的集成电路，其管脚识别方法为：将 TTL 集成门电路正面（印有集成门电路型号标记）正对自己，有缺口或有圆点的一端置向左方，左下方第一管脚即为管脚"1"，按逆时针方向数，依次为 1、2、3、4…

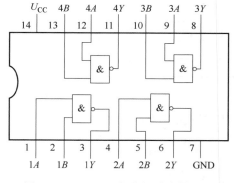

图 3-1-1　74LS00 与非门引脚排列图

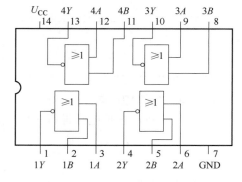

图 3-1-2　74LS28 或非门引脚排列图

如图 3-1-1 所示为四 2 输入与非门 74LS00 的引脚排列图，如图 3-1-2 所示为四 2 输入或非门 74LS28 的引脚排列图。各个管脚的具体功能可通过查找相关手册得知，本书实验所使用的器件均已提供其功能。

四、实验内容

选择实验用的集成电路，按自己设计的实验接线图接好连线。特别注意 U_{CC} 及 GND 不能连错，线连接好后经检查无误方可通电实验。

1. TTL 门电路及 CMOS 门电路的功能测试

将与非门 74LS00、或非门 74LS28、异或门 CC4030/74LS86 分别按引脚排列图连线，输入端 A、B 接逻辑开关，输入端 Y 接发光二极管，改变输入状态的高低电平，观察二极管的亮灭，并将输出状态填入表 3-1-1 中。

表 3-1-1 　　　　　　　　　　　　各逻辑门逻辑功能

输　入 A　B	输　出 Y_1 74LS00	输　出 Y_2 74LS28/74LS02	输　出 Y_3 74LS86/CD4030
0　0			
0　1			
1　0			
1　1			
逻辑表达式			
逻辑功能			

2. TTL 门电路多余输入端的处理

将 74LS00 和 74LS28 按表 3-1-2 的要求输入变量，将 A 输入端分别接地、高电平、悬空与 B 端逻辑运算，将测试输出结果填入表 3-1-2 中，总结多余输入端的处理方法。

表 3-1-2 　　　　　　　　　　　电路多余输入端测试结果

输　　　　入		输　　　　出	
A	B	（74LS00）Y_1	（74LS28）Y_2
接地	0		
	1		
高电平	0		
	1		
悬空	0		
	1		

3. 逻辑门电路的测试

按图 3-1-3 所示连接电路进行实验，并将输出状态填入表 3-1-3 中。

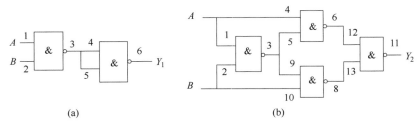

(a)　　　　　　　　　　　　　　　(b)

图 3-1-3　逻辑门电路的测试

表 3-1-3 逻辑门电路的测试

输　入 A　B	输　出 Y_1	输　出 Y_2	输　入 A　B	输　出 Y_1	输　出 Y_2
0　0			1　1		
0　1			逻辑表达式		
1　0			逻辑功能		

五、注意事项

1. TTL 电路的使用规则

（1）电源电压使用范围为 $+4.5\sim+5.5\mathrm{V}$，实验中要求使用 $U_{CC}=+5\mathrm{V}$，电源极性绝对不允许接错。接插集成块时，要认清定位标记，电源极性不能接错。

（2）闲置输入端处理方法。

① 悬空，相当于正逻辑"1"。对于一般小规模集成电路的数据输入端，实验时允许悬空处理。但易受外界干扰，导致电路的逻辑功能不正常，因此对于接有长线的输入端，中规模以上的集成电路和使用集成电路较多的复杂电路，所有控制输入端必须按逻辑要求接入电路，不允许悬空。

② 直接接电源电压 U_{CC}（也可以串入一只 $1\sim10\mathrm{k}\Omega$ 的固定电阻）或接至某一固定电压（$+2.4\mathrm{V}\leqslant V\leqslant5.5\mathrm{V}$）的电源上，或与输入端为接地的多余与非门的输出端相接。

③ 若前级驱动能力允许，可以与使用的输入端并联。

（3）输入端通过电阻接地，电阻值的大小将直接影响电路所处的状态。当 $R\leqslant680\Omega$ 时，输入端相当于逻辑"0"；当 $R\geqslant4.7\mathrm{k}\Omega$ 时，输入端相当于逻辑"1"。不同系列的器件要求的阻值也不同。

（4）输出端不允许并联使用（集电极开路门和三态输出门电路除外）。否则不仅会使电路逻辑功能混乱，还会导致器件损坏。

（5）输出端不允许直接接地或直接接 $+5\mathrm{V}$ 电源，否则将损坏器件，有时为了使后级电路获得较高的输出电平，允许输出端通过电阻 R 接至 U_{CC}，一般取 $R=3\sim5.1\mathrm{k}\Omega$。

2. CMOS 电路的使用规则

由于 CMOS 电路有很高的输入阻抗，这会给使用者带来一定的麻烦，即外来的干扰信号很容易在一些悬空的输入端上感应出很高的电压，以至损坏器件。CMOS 电路的使用规则如下。

（1）U_{DD} 接电源正极，U_{SS} 接电源负极（通常接地上），不得接反。CC4000 系列的电源允许电压在 $+3\sim+18\mathrm{V}$ 范围内选择，实验中一般要求使用 $+5\sim+15\mathrm{V}$。

（2）所有输入端一律不准悬空，闲置输入端的处理方法：

① 按照逻辑要求，直接接 U_{DD}（与非门）或 U_{SS}（或非门）。

② 在工作频率不高的电路中，允许输入端并联使用。

（3）输出端不允许直接与 U_{DD} 或 U_{SS} 连接，否则将导致器件损坏。

（4）在装接电路，改变电路连接或插、拔电路时，均应切断电源，严禁带电操作。

（5）焊接、测试和储存时的注意事项：

① 焊接时必须切断电源，电烙铁外壳必须良好接地，或拔下烙铁，靠其余热焊接。

② 所有的测试仪器必须良好接地。

③ 电路应存放在导电的容器内，有良好的静电屏蔽。

六、实验报告

1. 按各步骤要求填表。

2. 通过实验分析，说明 TTL 门电路和 CMOS 门电路有什么特点，总结多余端的处理方法。

七、实验预习要求及思考题

1. 预习要求

（1）复习门电路工作原理及相应的逻辑表达式。

（2）常用 TTL 门电路和 CMOS 门电路的功能、特点。

（3）熟悉所用集成电路的引线位置及各引线用途。

（4）用 Multisim 软件对实验进行仿真并分析实验是否成功。

2. 思考题

（1）TTL 门电路和 CMOS 门电路有什么区别？

（2）用与非门实现其他逻辑功能的方法步骤是什么？

实验二　组合逻辑电路的设计与测试

一、实验目的

掌握组合逻辑电路的设计与测试方法。

二、实验设备与器件

1. 数字电子技术实验装置一台。

2. 元器件：74LS10、74LS20 各三片，CC4030、74LS08、74LS32 各一片。

三、实验原理

1. 设计组合逻辑电路的步骤

（1）根据设计任务的要求、列真值表。

（2）用卡诺图或公式化简法求最简逻辑表达式。

（3）根据逻辑表达式，画出逻辑图，用标准器件构成电路。

（4）验证设计的正确性。

2. 组合逻辑电路设计举例

用 74LS20 设计一个四变量无弃权表决电路（多数赞成提案通过），设计步骤如下：

（1）根据设计任务的要求列真值表。设输入量为 A、B、C、D，同意为 1，不同意为 0；表决结果为 Y，表决结果通过为 1，不通过为 0。由题目要求可得真值表如表 3-2-1

所示。

表 3-2-1 四变量无弃权表决电路真值表

A	B	C	D	Y	A	B	C	D	Y
0	0	0	0	0	1	0	0	0	0
0	0	0	1	0	1	0	0	1	0
0	0	1	0	0	1	0	1	0	0
0	0	1	1	0	1	0	1	1	1
0	1	0	0	0	1	1	0	0	0
0	1	0	1	0	1	1	0	1	1
0	1	1	0	0	1	1	1	0	1
0	1	1	1	1	1	1	1	1	1

（2）由真值表得到表达式。

$$T = \overline{A}BCD + A\overline{B}CD + AB\overline{C}D + ABC\overline{D} + ABCD$$
$$= \overline{A}BCD + A\overline{B}CD + AB\overline{C}D + ABC(D+\overline{D})$$
$$= \overline{A}BCD + A\overline{B}CD + AB\overline{C}D + ABC$$
$$= ABC + ABD + ACD + BCD = \overline{\overline{ABC + ABD + ACD + BCD}}$$
$$= \overline{\overline{ABC} \cdot \overline{ABD} \cdot \overline{ACD} \cdot \overline{BCD}}$$

（3）由表达式画出用与非门构成的逻辑电路图如图 3-2-1 所示。

四、实验内容

（1）用 74LS20 集成设计一个四变量无弃权多数表决电路。

按照上述设计方法，用 74LS20 集成连接电路原理图，并测试电路的结果填入表 3-2-2 中。

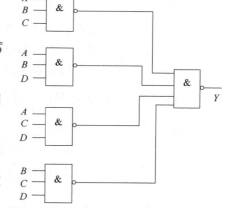

图 3-2-1 四变量无弃权表决电路逻辑图

表 3-2-2 四变量无弃权多数表决电路测试

输入量				验证	输入量				验证
A	B	C	D	Y	A	B	C	D	Y
0	0	0	0		1	0	0	0	
0	0	0	1		1	0	0	1	
0	0	1	0		1	0	1	0	
0	0	1	1		1	0	1	1	
0	1	0	0		1	1	0	0	
0	1	0	1		1	1	0	1	
0	1	1	0		1	1	1	0	
0	1	1	1		1	1	1	1	

（2）用与非门设计一个举重裁判表决电路。设举重比赛有三个裁判，一个主裁判和两

个副裁判。杠铃完全举上的裁决由每一个裁判按一下自己面前的按钮来确定。只有当两个或两个以上裁判判决成功，并且其中有一个为主裁判时，表明成功的灯才亮。

（3）旅客列车分为特快、直快和慢车三种，车站发车优先顺序为：特快、直快、慢车。在同一时刻里，车站只能开出一辆列车，即车站调度室只能给一列火车发出开车信号，试设计一个能满足上述要求的逻辑电路。

（4）有一火灾报警系统，设有烟感、温感和紫外光感三种不同类型的火灾探测器。为了防止误报警，只有当其中两种或三种探测器发出探测信号时，报警系统才产生报警信号，试用最少的与非门设计一个产生报警信号的电路。

（5）设计一个保密锁电路，保密锁上有三个键钮 A、B、C。要求当三个键钮同时按下时，或 A、B 两个按钮同时按下时，或按下 A、B 中的任一键钮时，锁就能被打开；而当不符合上列组合状态时，将使电铃发出报警响声。试设计此电路，列出真值表，写出函数式，画出最简的实验电路（用最少的与非门实现）。

五、实验报告

1. 列出实验内容的设计步骤，画出设计电路图；
2. 对所设计的电路进行实验测试，并分别设计表格记录测试结果；
3. 浅谈组合逻辑电路的设计体会。

六、实验预习要求及思考题

1. 预习要求

（1）复习有关组合逻辑电路的设计方法。
（2）根据实验任务设计电路，并画出相应电路的连接图，设置有关表格。

2. 思考题

（1）当设计多个不同功能描述的电路时，是不是可以是同一个电路？
（2）设计电路时，如何将电路化简为最简单的逻辑关系？

实验三　加　法　器

一、实验目的

1. 熟悉组合逻辑电路的设计与测试方法。
2. 掌握半加器和全加器的工作原理。

二、实验设备与器件

1. 数字电子技术实验装置一台。
2. 元器件：74LS86（CC4030）、74LS08、74LS32、74LS283 各一片。

三、实验原理

计算器、电脑最基本的任务之一是进行算术运算，在机器中四则运算——加、减、乘、除都是分解成加法运算进行的，因此加法器变成了计算机中最基本的运算单元。

1. 半加器

两个一位二进制数相加称为半加，实现半加操作的电路称为半加器。

两个一位二进制数相加的真值表见表 3-3-1，其中 A_i 表示加数，B_i 表示被加数，S_i 表示半加和，C_i 表示向高位的进位。

表 3-3-1　　　　　　　　　　　　　　半加器真值表

A_i	B_i	S_i	C_i	A_i	B_i	S_i	C_i
0	0	0	0	1	0	1	0
0	1	1	0	1	1	0	1

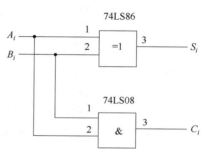

从二进制数加法的角度看，表中只考虑了两个加数本身，没有考虑低位来的进位，这也就是半加器一词的由来，由真值表直接写出半加器逻辑表达式为

$$S_i = A_i \overline{B_i} + \overline{A_i} B_i = A_i \oplus B_i$$
$$C_i = A_i B_i$$

半加器逻辑电路如图 3-3-1 所示。

图 3-3-1　半加器逻辑图

2. 全加器

实际作二进制数加法时，一般来说两个加数都不是一位，因而仅利用不考虑低位进位的半加器是不能解决问题的。例如：两个四位二进制数 $A=1011$、$B=1110$ 相加，竖式运数如下：

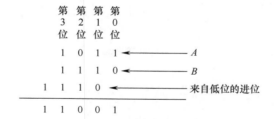

由竖式可以明显地看到，第 1、2、3 位都是带进位的加法运算，两个同位的加数和来自低位的进位三者相加，这种加法运算就是所谓的全加，实现全加运算的电路叫作全加器。

如果用 A_i、B_i 表示 A、B 两个数的第 i 位，C_{i-1} 表示低位（第 $i-1$ 位）来的进位，则根据全加运算的规则可以列出真值表如表 3-3-2 所示。

表 3-3-2　　　　　　　　　　　　　　全加器真值表

A_i	B_i	C_{i-1}	S_i	C_i	A_i	B_i	C_{i-1}	S_i	C_i
0	0	0	0	0	1	0	0	1	0
0	0	1	1	0	1	0	1	0	1
0	1	0	1	0	1	1	0	0	1
0	1	1	0	1	1	1	1	1	1

利用卡诺图化简可得到 S、C 的简化函数表达式：

$$S_i = \overline{A}_i\overline{B}_i C_{i-1} + \overline{A}_i B_i \overline{C}_{i-1} + A_i B_i C_{i-1} + A_i \overline{B}_i \overline{C}_{i-1}$$

$$= \overline{A}_i(\overline{B}_i C_{i-1} + B_i \overline{C}_{i-1}) + A_i(B_i C_{i-1} + \overline{B}_i \overline{C}_{i-1})$$

$$= \overline{A}_i(B_i \otimes C_{i-1}) + A_i(\overline{B_i \oplus C_{i-1}})$$

$$= A_i \oplus B_i \oplus C_{i-1}$$

$$C_i = \overline{A}_i B_i C_{i-1} + A_i \overline{B}_i C_{i-1} + A_i B_i$$

$$= (\overline{A}_i B_i + A_i \overline{B}_i) C_{i-1} + A_i B_i$$

$$= (A_i \oplus B_i) C_{i-1} + A_i B_i$$

此处之所以不直接写出 C_{i-1} 的最简与或表达式，是因为要凑出 S_i 表达式中的 $A_i \oplus B_i$，从而尽量简化整个电路。

分析、测试用异或门、或非门和非门组成的全加器逻辑电路，根据全加器的逻辑表达式

全加和　　$S_i = A_i \oplus B_i \oplus C_{i-1}$

进位　　　$C_i = (A_i \oplus B_i)C_{i-1} + A_i B_i$

可知，一位全加器电路由两个异或门、两个与门、一个或门实现其功能，图 3-3-2 所示为实现上述表达式的全加器逻辑图。

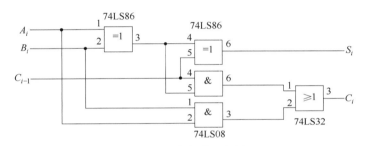

图 3-3-2　全加器逻辑图

四、实验内容

（1）设计用异或门、与门组成的半加器电路。

（2）设计一个一位全加器电路，要求用异或门、与门、或门实现该电路。

（3）设计一个能够实现两个两位二进制数比较大小的电路。

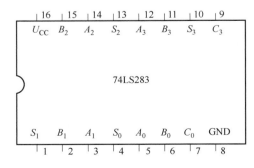

图 3-3-3　四位二进制超前进位全加器

（4）试用超前进位四位全加器 74LS283 做二进制加法运算，其引脚排列图如图 3-3-3 所示。将运算结果记入表 3-3-3 中。

① 进行 $(0010)_2 + (1001)_2 =$？加法运算，记入表 3-3-3 中。

② 进行 $(0110)_2 + (1001)_2 =$？加法运算，记入表 3-3-3 中。

③ 进行 $(1011)_2 + (1001)_2 =$？加法运算，记入表 3-3-3 中。

表 3-3-3 四位二进制数加法运算结果

A_3/B_3	A_2/B_2	A_1/B_1	A_0/B_0	C_3	S_3	S_2	S_1	S_0	十进制数

五、实验报告

1. 写出半加器，全加器的设计过程及验证数据。

2. 学会用全加器构成加法器并会使用其加法功能。

六、实验预习要求及思考题

1. 预习要求

（1）了解半加器的工作原理。

（2）掌握全加器在实现加法功能时的电路设计思想。

2. 思考题

（1）如果实现 8 位二进制数相加，电路该如何连接？

（2）串行连接的加法器和超前进位全加器、并行连接加法器的区别是什么？

实验四　显示与译码电路

一、实验目的

1. 掌握中规模集成译码器的逻辑功能和使用方法。

2. 熟悉数码管的使用。

二、实验设备与器件

1. 数字电子技术实验装置一台。

2. 元器件：74LS138、74LS20、CD4511 各一片。

三、实验原理

译码器是一个多输入、多输出的组合逻辑电路。它的作用是把给定的代码进行"翻译"，变成相应的状态，使输出通道中相应的一路有信号输出。译码器在数字系统中有广泛的应用，不仅用于代码的转换、终端的数字显示，还用于数据分配，存储器寻址和组合控制信号等，不同的功能可选用不同种类的译码器。

1. 二进制译码器

二进制译码器用以辨识输入变量的状态，如 2 线－4 线、3 线－8 线和 4 线－16 线译码器。若有 n 个输入变量，则有 2^n 不同的组合状态，就有 2^n 个输出端供其使用，而每一个输出所代表的函数对应于 n 个输入变量的最小项。下面以 3 线－8 线译码器 74LS138 为

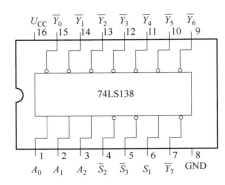
例进行分析。

图 3-4-1   74LS138 引脚排列图

（1）74LS138 逻辑图及引脚排列、功能表。图 3-4-1 为 74LS138 引脚排列图。其中 A_2、A_1、A_0 为地址输入端，$\overline{Y_0} \sim \overline{Y_7}$ 为译码输出端，S_1、$\overline{S_2}$、$\overline{S_3}$ 为使能端。

注：有些教材标 A、B、C 为地址输入端；$\overline{Y_0} \sim \overline{Y_7}$ 为输出端，G_1、$\overline{G_{2A}}$、$\overline{G_{2B}}$ 为使能端，或 ST_A、$\overline{ST_B}$、$\overline{ST_C}$ 为使能端。

74LS138 的功能如表 3-4-1 所示：

当 $S_1=1$，$\overline{S_2}+\overline{S_3}=0$ 时，器件使能，地址码所指定的输出端有信号（为 0）输出，其他所有输出端均无信号（全为 1）输出。

当 $S_1=1$、$\overline{S_2}+\overline{S_3}=X$ 时，或 $S_1=X$、$\overline{S_2}+\overline{S_3}=1$ 时，译码器被禁止，所有输出同时为 1。

表 3-4-1   **74LS138 功能表**

输 入					输 出							
S_1	$\overline{S_2}+\overline{S_3}$	A_2	A_1	A_0	$\overline{Y_0}$	$\overline{Y_1}$	$\overline{Y_2}$	$\overline{Y_3}$	$\overline{Y_4}$	$\overline{Y_5}$	$\overline{Y_6}$	$\overline{Y_7}$
1	0	0	0	0	0	1	1	1	1	1	1	1
1	0	0	0	1	1	0	1	1	1	1	1	1
1	0	0	1	0	1	1	0	1	1	1	1	1
1	0	0	1	1	1	1	1	0	1	1	1	1
1	0	1	0	0	1	1	1	1	0	1	1	1
1	0	1	0	1	1	1	1	1	1	0	1	1
1	0	1	1	0	1	1	1	1	1	1	0	1
1	0	1	1	1	1	1	1	1	1	1	1	0
0	×	×	×	×	1	1	1	1	1	1	1	1
×	1	×	×	×	1	1	1	1	1	1	1	1

（2）3 线－8 线译码器 74LS138 的应用。

① 做数据分配器。二进制译码器实际上也是负脉冲分配器。若利用使能端中的一个输入端输入数据信息，器件就成为一个数据分配器（又称多路分配器）。若在 S_1 输入端输入数据信息，$\overline{S_2}=\overline{S_3}=0$，地址码所对应的输出是 S_1 数据信息的反码；若从 $\overline{S_2}$ 输入数据信息，令 $S_1=1$、$\overline{S_3}=0$，地址码所对应的输出就是 $\overline{S_2}$ 端数据信息的原码。若数据信息是时钟脉冲，则数据分配器便成为脉冲分配器。

根据输入地址的不同组合译出唯一地址，故可用作地址译码器。接成多路分配器，可将一个信号源的数据信息传输到不同的地点。

② 实现逻辑函数。二进制译码器还能方便地实现逻辑函数，如图 3-4-2 所示，可实现

下列逻辑函数的功能：

$$Y = \overline{ABC} + \overline{A}\overline{BC} + \overline{A}\overline{B}\overline{C} + ABC$$

解：$Y = \overline{ABC} + \overline{A}\overline{BC} + \overline{A}\overline{B}\overline{C} + ABC$

$$= m_0 + m_1 + m_2 + m_7$$

$$= \overline{\overline{m_0} \cdot \overline{m_1} \cdot \overline{m_2} \cdot \overline{m_7}}$$

$$= \overline{\overline{Y_0}\,\overline{Y_1}\,\overline{Y_2}\,\overline{Y_7}}$$

令 $A_2A_1A_0 = ABC$　$S_1 = 1$，$\overline{S_2} + \overline{S_3} = 0$

画接线图如图 3-4-2 所示。

③ 组合成一个 4/16 译码器。利用使能端能方便地将 3/8 译码器组合成一个 4/16 译码器，如图 3-4-3 所示。

2. 数码显示译码器

（1）七段发光二极管（LED）数码管。LED 数码管是目前最常用的数字显示器，图 3-4-4（a）、图 3-4-4（b）为共阴管和共阳管的电路，图 3-4-4（c）为两种不同 LED 数码管的引脚示意图。

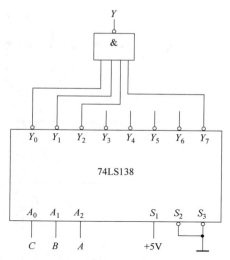

图 3-4-2　74LS138 实现逻辑函数

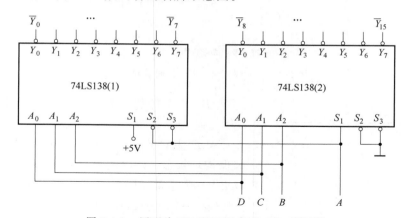

图 3-4-3　用两片 74LS138 组合成 4/16 译码器

一个 LED 数码管可用来显示一位 0～9 十进制数和一个小数点，小型数码管（0.5in 和 0.36in）每段发光二极管的正向压降，随显示光的颜色（通常为红、绿、黄、橙）不同略有差别，通常为 2～2.5V，每个发光二极管的点亮电流在 5～10mA。LED 数码管要显示 BCD 码所表示的十进制数字就需要有一个专门的译码器，该译码器不但要完成译码功能，还有相当的驱动能力。

（2）BCD 码七段译码驱动器。此类译码器型号有 74LS47（共阳），74LS48（共阴），CD4511（共阴）等，本实验采用 CD4511 BCD 码锁存/七段译码/驱动器，驱动共阴极 LED 数码管，如图 3-4-5 所示为 CD4511 的引脚排列图。

其中，A、B、C、D 为 BCD 码输入端，a、b、c、d、e、f、g 为译码输出端，输出"1"有效，用来驱动共阴极 LED 数码管。

$\overline{LT}$ 为测试输入端，$\overline{LT} = 0$ 时，译码输出全为"1"。

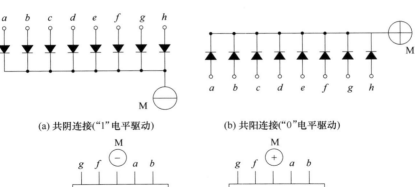

(a) 共阴连接("1"电平驱动)   (b) 共阳连接("0"电平驱动)

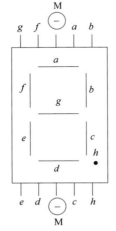 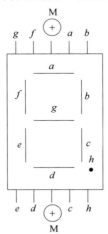

(c) 符号及引脚示意图

图 3-4-4   七段发光 LED 数码管结构图

图 3-4-5   CD4511 引脚排列图

$\overline{BI}$ 为消隐输入端，$\overline{BI}=0$ 时，译码输出全为 0。

LE 为锁定端，$LE=1$ 时译码器处于锁定（保持）状态，译码输出保持在 $LE=0$ 时的数值，$LE=0$ 为正常译码。

表 3-4-2 为 CD4511 功能表，CD4511 内接有上拉电阻，故只需在输出端与数码管笔段之间串入限流电阻即可工作。另外，译码器还有拒伪码功能，当输入码超过 1001 时，输出全为 0，数码管熄灭。

表 3-4-2   **CD4511 功能表**

LE	$\overline{BI}$	$\overline{LT}$	A	B	C	D	a	b	c	d	e	f	g	显示字形
×	×	0	×	×	×	×	1	1	1	1	1	1	1	8
×	0	1	×	×	×	×	0	0	0	0	0	0	0	消隐
0	1	1	0	0	0	0	1	1	1	1	1	1	0	0
0	1	1	0	0	0	0	0	1	1	0	0	0	0	1
0	1	1	0	0	1	0	1	1	0	1	1	0	1	2

续表

LE	$\overline{BI}$	$\overline{LT}$	A	B	C	D	a	b	c	d	e	f	g	显示字形
0	1	1	0	0	1	1	1	1	1	1	0	0	1	3
0	1	1	0	1	0	0	0	1	1	0	0	1	1	4
0	1	1	0	1	0	1	1	0	1	1	0	1	1	5
0	1	1	0	1	1	0	1	0	1	1	1	1	1	6
0	1	1	0	1	1	1	1	1	1	0	0	0	0	7
0	1	1	1	0	0	0	1	1	1	1	1	1	1	8
0	1	1	1	0	0	1	1	1	1	1	0	1	1	9
0	1	1	1	0	1	0	0	0	0	0	0	0	0	消隐
0	1	1	1	0	1	1	0	0	0	0	0	0	0	消隐
0	1	1	1	1	0	0	0	0	0	0	0	0	0	消隐
0	1	1	1	1	0	1	0	0	0	0	0	0	0	消隐
0	1	1	1	1	1	0	0	0	0	0	0	0	0	消隐
0	1	1	1	1	1	1	0	0	0	0	0	0	0	消隐
1	1	1	×	×	×	×	锁存							锁存

在本数字电路实验装置上已完成了译码器 CD4511 和数码管 BS202 之间的连接，实验时只要接通＋5V 电源和将十进制数的 BCD 码接至译码器的相应输入端，A、B、C、D 即可显示 0～9 的数字。四位数码管可接受四组 BCD 码输入，CD4511 与 LED 数码管的连接如图 3-4-6 所示。

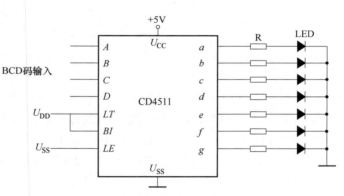

图 3-4-6　CD4511 驱动一位 LED 数码管

四、实验内容

（1）数据拨码开关与 CD4511 集成的使用。将实验装置中的逻辑电平开关 K_3、K_2、K_1、K_0 分别接至 CC4511 的对应输入口，然后按功能表的要求操作四个逻辑电平开关，观测电平四位数与 LED 数码管显示的对应数字是否一致，以及译码显示是否正常，记入表 3-4-3 中。

（2）74LS138 译码器逻辑功能测试。将译码器使能 S_1、$\overline{S_2}$、$\overline{S_3}$ 及地址端 A_2、A_1、A_0 分别接至逻辑电平开关输出口，八个输出端 $\overline{Y_0}$～$\overline{Y_7}$ 依次连接在逻辑电平显示器的八个输入口上，拨动逻辑电平开关，令 $S_1=1$、$\overline{S_2}=0$、$\overline{S_3}=0$，按表 3-4-1 要求逐项测试 74LS138 的逻辑功能，记入表 3-4-4 中。

表 3-4-3 　　　　　　　　　　　CC4511 功能测试

A	B	C	D	显示数码	A	B	C	D	显示数码
0	0	0	0		1	0	0	0	
0	0	0	1		1	0	0	1	
0	0	1	0		1	0	1	0	
0	0	1	1		1	0	1	1	
0	1	0	0		1	1	0	0	
0	1	0	1		1	1	0	1	
0	1	1	0		1	1	1	0	
0	1	1	1		1	1	1	1	

表 3-4-4 　　　　　　　　　　74LS138 译码器逻辑功能测试

输入			输出							
A	B	C	$\overline{Y_0}$	$\overline{Y_1}$	$\overline{Y_2}$	$\overline{Y_3}$	$\overline{Y_4}$	$\overline{Y_5}$	$\overline{Y_6}$	$\overline{Y_7}$
0	0	0								
0	0	1								
0	1	0								
0	1	1								
1	0	0								
1	0	1								
1	1	0								
1	1	1								

（3）用 74LS138 组合成一个 4 线－16 线译码器，并进行实验。

（4）用 74LS138 实现逻辑函数 Y（A、B、C）$= \sum m$（3，5，6，7）的逻辑功能。

（5）用一片 74LS138 译码器及一片 74LS20 双与非门实现一个一位全加器。

① 画出真值表。

② 写出逻辑表达式。

③ 画出电路图。

④ 通过实验分析验证所设计的电路是否正确。

五、分析与思考题

1. 按要求填好相应表格。

2. 通过实验内容简述集成电路 CC4511、74LS138 功能。

3. 通过实验，说明逻辑函数 Y（A、B、C）$= \sum m$（3，5，6，7）的逻辑功能。

六、实验预习要求及思考题

1. 预习要求

（1）复习有关译码器和分配器、数码管显示器内容。

（2）根据实验任务，理论分析逻辑函数 Y（A、B、C）$=\sum m$（3，5，6，7）和一位全加器的逻辑功能，画出所需的实验线路及记录表格。

2. 思考题

（1）用中规模集成电路设计电路与逻辑门设计电路有什么区别？

（2）用译码器设计电路和逻辑门相比，哪个更方便简单，为什么？

实验五　数据选择器及其应用

一、实验目的

1. 掌握中规模集成数据选择器的逻辑功能及其使用方法。

2. 掌握用数据选择器构成组合逻辑电路的方法。

二、实验设备与器件

1. 数字电子技术实验装置一台。

2. 元器件：74LS04、74LS151、74LS153 各一片。

三、实验原理

数据选择器又称为多路开关，它在地址码（或称选择控制）电位的控制下，从几个数据输入中选择一个并将其送到一个公共的输出端。数据选择器的功能类似于一个多掷开关，如图 3-5-1 所示，图中有四路数据 $D_0 \sim D_3$，通过选择控制信号 A_1、A_0（地址码）从四路数据中选中某一路数据送至输出端 Q。

数据选择器是当前逻辑设计领域应用十分广泛的逻辑部件，它有 2 选 1、4 选 1、8 选 1、16 选 1 等类别。数据选择器的电路结构一般由与或门阵列组成，也有用传输门开关和门电路混合而成的。

1. 8 选 1 数据选择器 74LS151

8 选 1 数据选择器 74LS151 的引脚排列如图 3-5-2 所示，功能如表 3-5-1 所示。选择控制端（地址端）为 $A_2 \sim A_0$，按二进制译码，从 8 个输入数据 $D_0 \sim D_7$ 中，选择一个需要的数据送到输出端 Q，$\overline{S}$ 为使能端，低电平有效。

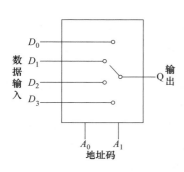

图 3-5-1　数据选择器示意图

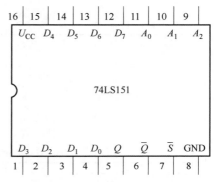

图 3-5-2　数据选择器引脚排列图

（1）使能端 $\overline{S}=1$ 时，不论 $A_2 \sim A_0$ 状态如何，均无输出，多路开关被禁止。

（2）使能端 $\overline{S}=0$ 时，多路开关正常工作，根据地址码 A_2、A_1、A_0 的状态选择 $D_0 \sim D_7$ 中某一个通道数据输送到输出端 Q。

如 $A_2 A_1 A_0 = 000$，则输送 D_0 数据到输出端，即 $Q = D_0$；

如 $A_2 A_1 A_0 = 001$，则输送 D_1 数据到输出端，即 $Q = D_1$。

其余类推。

表 3-5-1 　　　　　　　　　　　　74LS151 功能表

输　入				输出
$\overline{S}$	A_2	A_1	A_0	Q
1	$\times$	$\times$	$\times$	0
0	0	0	0	D_0
0	0	0	1	D_1
0	0	1	0	D_2
0	0	1	1	D_3
0	1	0	0	D_4
0	1	0	1	D_5
0	1	1	0	D_6
0	1	1	1	D_7

2. 双 4 选 1 数据选择器 74LS153

所谓双 4 选 1 数据选择器就是在一块集成芯片上有两个 4 选 1 数据选择器，引脚排列如图 3-5-3 所示，功能如表 3-5-2 所示。

表 3-5-2 　　　　　　　　　　　　74LS153 功能表

输入			输出
$\overline{S}$	A_1	A_0	Q
1	$\times$	$\times$	0
0	0	0	D_0
0	0	1	D_1
0	1	0	D_2
0	1	1	D_3

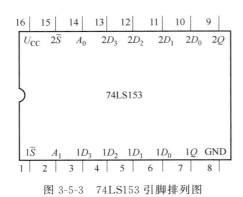

图 3-5-3　74LS153 引脚排列图

$\overline{1S}$、$\overline{2S}$ 为两个独立的使能端；A_1、A_0 为公用的地址输入端；$1D_0 \sim 1D_3$ 和 $2D_0 \sim 2D_3$ 分别为两个 4 选 1 数据选择器的数据输入端，$1Q$、$2Q$ 为两个输出端。

（1）当使能端 $\overline{1S}$（$\overline{2S}$）$=1$ 时，多路开关被禁止，无输出，$Q = 0$。

（2）当使能端 $\overline{1S}$（$\overline{2S}$）$=0$ 时，多路开关正常工作，根据地址码 A_1、A_0 的状态，将数据 $D_0 \sim D_3$ 中的一个输送到输出端 Q。

如 $A_1 A_0 = 00$，则输送 D_0 数据到输出端，

即 $Q=D_0$；

如 $A_1A_0=01$，则输送 D_1 数据到输出端，即 $Q=D_1$。

其余类推。

3. 数据选择器的应用—实现逻辑函数

例 1：用 8 选 1 数据选择器 74LS151 实现函数 $Y=A\bar{B}+\bar{A}C+B\bar{C}$

解：① 列出函数 Y 的真值表，如表 3-5-3 所示。

② 写出相关函数式。

令 $A_2A_1A_0=ABC$　$\bar{S}=0$

$D_0=D_7=0$　$D_1=D_2=D_3=D_4=D_5=D_6=1$

③ 画连线图，用 8 选 1 数据选择器 74LS151 实现函数，如图 3-5-4 所示。

表 3-5-3　　　　　　　　　　　　函数 Y 的真值表

输　入			输出	输出端选中数据
A	B	C	Y	D
0	0	0	0	D_0
0	0	1	1	D_1
0	1	0	1	D_2
0	1	1	1	D_3
1	0	0	1	D_4
1	0	1	1	D_5
1	1	0	1	D_6
1	1	1	0	D_7

例 2：用 4 选 1 数据选择器 74LS153 实现函数 $Y=\bar{A}BC+A\bar{B}C+AB\bar{C}+ABC$

解：① 列出函数 Y 的真值表，如表 3-5-4 所示，利用真值表求 D_i。

表 3-5-4　函数 Y 的真值表

输　入			输出
A	B	C	Y
0	0	0	0
0	0	1	0
0	1	0	0
0	1	1	1
1	0	0	0
1	0	1	1
1	1	0	1
1	1	1	0

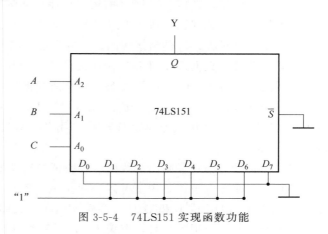

图 3-5-4　74LS151 实现函数功能

② 写出相关函数式。

令 $A_1A_0=AB$　$\bar{S}=0$　$D_0=0$　$D_3=1$　$D_1=D_2=C$

③ 画连线图，如图 3-5-5 所示。

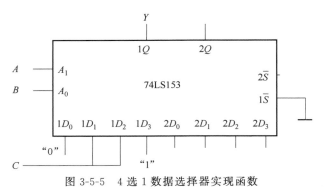

图 3-5-5　4 选 1 数据选择器实现函数

四、实验内容

（1）测试数据选择器 74LS151 的逻辑功能。按图 3-5-6 所示接线，地址端 A_2、A_1、A_0、数据端 $D_0 \sim D_7$、使能端 $\overline{S}$ 接逻辑电平开关，输出端 Q 接逻辑电平显示器，按 74LS151 功能表 3-5-1 逐项进行测试，记录测试结果。

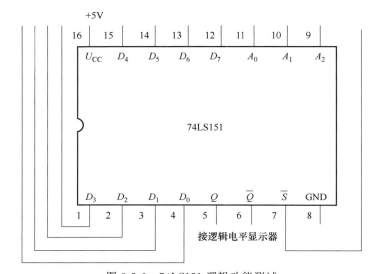

图 3-5-6　74LS151 逻辑功能测试

（2）测试数据选择器 74LS153 的逻辑功能，测试方法及步骤同上，并记录。

（3）用 8 选 1 数据选择器 74LS151 设计三人无弃权表决电路：

①写出设计过程；②画出接线图；③验证逻辑功能。

（4）用 8 选 1 数据选择器 74LS151 设计四人无弃权表决电路：

①写出设计过程；②画出接线图；③验证逻辑功能。

（5）交通灯用 A（红）、B（黄）、C（绿）表示，亮为 1，灭为 0。只有当其中一只亮时为正常 $Y=0$，其余状态均为故障 $Y=1$。用 74LS151 的 8 选 1 数据选择器实现该交通灯电路。（选做）

①写出设计过程；②画出接线图；③验证逻辑功能。

（6）有一密码电子锁，锁上有四个锁孔 A、B、C、D，按下为 1，否则为 0，当按下 A 和 B、或 A 和 D、或 B 和 D 时，再插入钥匙，锁即打开。若按错了键孔，当插入钥匙时锁打不开，并发出报警信号，有警为 1，无警为 0。请用 8 选 1 数据选择器 74LS151 实现该电路。（选做）

①写出设计过程；②画出接线图；③验证逻辑功能。

（7）用双 4 选 1 数据选择器 74LS153 实现一位全加器。

①写出设计过程；②画出接线图；③验证逻辑功能。

五、实验报告

用数据选择器对实验内容进行设计，写出设计全过程，画出接线图，进行逻辑功能测试；总结实验收获、体会。

六、实验预习要求及思考题

1. 预习要求

（1）掌握译码器的工作原理。

（2）译码器设计逻辑电路的思路、方法。

2. 思考题

（1）4 选 1 和 8 选 1 数据选择器在设计电路时该如何选定？

（2）用 4 选 1 数据选择器实现 3 变量函数时该如何处理其中一个变量到数据输入端？

（3）用 8 选 1 数据选择器实现 4 变量函数时该如何处理其中一个变量到数据输入端？除了书中的方法外，还有其他方法吗？

实验六　集成触发器及其应用

一、实验目的

1. 掌握基本 RS、D 和 JK 触发器的逻辑功能及测试方法。

2. 熟悉 D 和 JK 触发器的触发方法。

3. 了解触发器之间的相互转换。

二、实验仪器与器件

1. 数字电子技术实验装置一台。

2. 元器件：74LS00、74LS74、74LS112 各一片。

三、实验原理

触发器是基本的逻辑单元，它具有两个稳定状态，在一定的外加信号作用下可以由一种稳定态转变为另一稳定态；无外加信号作用时，将维持原状态不变。因为触发器是一种具有记忆功能的二进制存储单元，所以它是构成各种时序电路的基本逻辑单元。

1. 基本 RS 触发器

由两个与非门构成一个 RS 触发器如图 3-6-1 所示，基本 RS 触发器具有置"0"、置"1"和"保持"三种功能。其逻辑功能如下：

（1）当 $\overline{R}=\overline{S}=1$ 时，触发器保持原先的"1"或"0"状态不变。

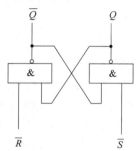

图 3-6-1　RS 触发器

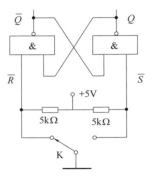

图 3-6-2　构成的防抖动开关

（2）当 $\overline{R}=0$，$\overline{S}=1$ 时，触发器被复位到"0"状态。

（3）当 $\overline{R}=1$，$\overline{S}=0$ 时，触发器被置位于"1"状态。

（4）当 $\overline{R}=\overline{S}=0$ 时，则 Q 的状态有可能为"1"，也可能为"0"，完全由各种偶然因素决定其最终状态，所以说此时触发器状态不确定。应避免此种情况发生。

基本 RS 触发器的特性方程：

$$Q^{n+1}=S+\overline{R}Q^n$$

图 3-6-2 是一个由基本 RS 触发器构成的防抖动开关，可以用它做单脉冲发生器。

2. D 触发器

D 触发器是由 RS 触发器演变而成的，其功能表如表 3-6-1 所示，引脚排列如图 3-6-3 所示。由功能表可得特性方程：

表 3-6-1　　　　　　　　　　　　　　　**D 触发器特性表**

D	Q^{n+1}	D	Q^{n+1}
0	0	1	1

$Q^{n+1}=D$　（CP 上升沿到来时）

常见的 D 触发器的型号很多，TTL 型的有 74LS74（双 D）、74LS175（四 D）、74LS174（六 D）、74LS374（八 D）等。CMOS 型的有 CD4013（双 D）、CD4042（四 D）等。本实验中采用维持阻塞式双 D 触发器 74LS74，R_D 和 S_D 是异步置"0"端和异步置"1"端，D 为数据输入端，Q 为输出端，CP 为时钟脉冲输入端。

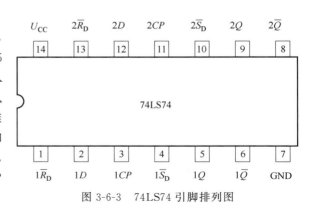

图 3-6-3　74LS74 引脚排列图

3. JK 触发器

JK 触发器逻辑功能较多，可用它构成寄存器、计数器等。常见的 TTL 型双 JK 触发器有 74LS76、74LS73、74LS112、74LS109 等，CMOS 型的有 CD4027 等。图 3-6-4 为双 JK 触发器 74LS112 的引脚排列图，其中：J、K 是控制输入端，Q 为输出端，CP 为时钟脉冲端。$\overline{R}_D$ 和 $\overline{S}_D$ 分别是异步置"0"端和异步置"1"端。图 3-6-5 所示是 JK 触发器的逻辑符号。

当 $\overline{R}_D=1$，$\overline{S}_D=0$ 时，无论 J、K 及 CP 为何值，输出 Q 均为"1"；当 $\overline{R}_D=0$，$\overline{S}_D=1$ 时，此时不论 J、K 及 CP 之值如何，Q 的状态均为"0"，所以 $\overline{R}_D$、$\overline{S}_D$ 用来将触发器预置到特定的起始状态（"0"或"1"）。预置完成后 $\overline{R}_D$、$\overline{S}_D$ 应保持在高电平（即"1"电平），使 JK 触发器处于工作状态。

当 $\overline{R}_D=\overline{S}_D=1$ 时，触发器的工作状态如下：

（1）当 JK=00 时，触发器保持原状态。

（2）当 JK=01 时，在 CP 脉冲的下降沿到来时，$Q=0$，触发器置"0"。

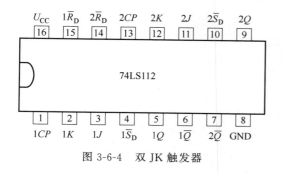

图 3-6-4 双 JK 触发器

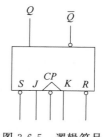

图 3-6-5 逻辑符号

（3）当 JK＝10 时，在 CP 脉冲的下降沿到来时，$Q=1$，触发器置"1"。

（4）当 JK＝11 时，在 CP 脉冲的作用下，触发器状态翻转。

由上述关系可以得到 JK 触发器的特征方程为：

$$Q^{n+1}=\mathrm{J}\overline{Q^n}+\overline{K}Q^n\,(CP\text{ 下降沿到来时})$$

4. 触发器之间的相互转换

（1）JK 触发器转换成 T 或 T′触发器。

在集成触发器的产品中，每一种触发器都有自己固定的逻辑功能。但可以利用转换的方法获得具有其功能的触发器。例如：将 JK 触发器的 J、K 两端连在一起，并确认它为 T 端，就得到所需的 T 触发器，如图 3-6-6（a）所示。T 触发器的特征方程为：

$$Q^{n-1}=T\overline{Q^n}+\overline{T}\cdot Q^n$$

当 $T=0$ 时，时钟脉冲作用后，其状态保持不变；当 $T=1$ 时，时钟脉冲作用后，触发器状态翻转。所以，若将 T 触发器的 T 端置"1"，如图 3-6-6（b）所示，即得 T′触发器。触发器的 CP 端每来一个 CP 脉冲信号，触发器的状态就翻转一次，故称之为反转触发器，广泛用于计数电路中。

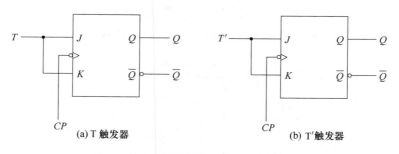

图 3-6-6 JK 触发器转换为 T、T′触发器

（2）D 触发器转换成 T 或 T′触发器。

同样，若将 D 触发器 $\overline{Q}$ 端与 D 端相连，便转换成 T′触发器，如图 3-6-7 所示。

（3）JK 触发器转换成 D 触发器。

如图 3-6-8 所示，JK 触发器也可转换为 D 触发器：

$$Q^{n+1}=D=\mathrm{J}\overline{Q^n}+\overline{K}Q^n \quad \text{因此，} J=\overline{K}=D$$

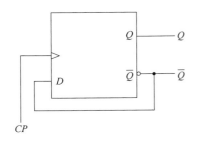 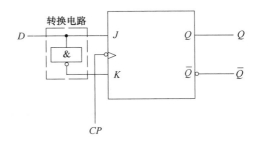

图 3-6-7　D 触发器转换成 T′触发器　　　　　　图 3-6-8　JK 触发器转换成 D 触发器

四、实验内容

1. 验证基本 RS 触发器的逻辑功能

按图 3-6-1 所示用 74LS00 组成基本 RS 触发器，并在 Q 端和 $\overline{Q}$ 端接两只发光二极管，输入端 $\overline{R}$ 和 $\overline{S}$ 分别接逻辑开关。接通＋5V 电源，按照表 3-6-2 的要求改变 $\overline{R}$ 和 $\overline{S}$ 的状态，观察输出端的状态，总结说明其功能，并将结果填入表 3-6-2 中。

表 3-6-2　　　　　　　　　　　　　　RS 触发器的逻辑功能

$\overline{R}$　$\overline{S}$	Q^n	Q^{n+1}	功能说明	$\overline{R}$　$\overline{S}$	Q^n	Q^{n+1}	功能说明
0　1	0			1　0	1		
0　1	1			1　1	0		
1　0	0			1　1	1		

2. 验证 D 触发器逻辑功能

将 74LS74 的 $\overline{R}_D$、$\overline{S}_D$、D 连接到逻辑开关，CP 端接单次脉冲，Q 端和 $\overline{Q}$ 端分别接两只发光二极管，接通±50 电源，按照表 3-6-3 中的要求，改变 $\overline{R}_D$、$\overline{S}_D$、D 和 CP 的状态。在 CP 从 0 到 1 跳变时，观察输出端 Q^{n+1} 的状态，将测试结果填入表 3-6-3 中。

表 3-6-3　　　　　　　　　　　　　　D 发器逻辑功能

$\overline{R}_D$	$\overline{S}_D$	D	CP	Q^n	Q^{n+1}	功能说明
0	1	×	×	×		
1	0	×	×	×		
1	1	0	↓	0		
				1		
1	1	0	↑	0		
				1		
1	1	1	↓	0		
				1		
1	1	1	↑	0		
				1		

3. 验证 JK 触发器逻辑功能

将 74LS112 的 $\overline{R_D}$、$\overline{S_D}$、J 和 K 连接到逻辑开关，Q 和 $\overline{Q}$ 端分别接两只发光二极管，CP 接单次脉冲，接通 $\pm 5V$ 电源，按照表 3-6-4 的要求，改变 $\overline{R_D}$、$\overline{S_D}$、J、K 和 CP 的状态。在 CP 从 1 到 0 跳变时，观察输出端 Q^{n+1} 的状态，总结说明其功能，并将测试结果填入表 3-6-4 中。

表 3-6-4　　　　　　　　　　　　　JK 触发器逻辑功能

$\overline{R_D}$	$\overline{S_D}$	J	K	CP	Q^n	Q^{n+1}	功能说明
0	1	$\times$	$\times$	$\times$	$\times$		
1	0	$\times$	$\times$	$\times$	$\times$		
1	1	0	0	$\downarrow$	0		
					1		
1	1	0	1	$\downarrow$	0		
					1		
1	1	1	0	$\downarrow$	0		
					1		
1	1	1	1	$\downarrow$	0		
					1		

4. 不同触发器之间的转换

（1）将 JK 触发器转换成 D 触发器，自行画出转换逻辑图，检验转换后电路是否具有 D 触发器的逻辑功能。

（2）将 D 触发器转换成 JK 触发器和 T 触发器，画出转换逻辑图，检验其逻辑功能。

5. 时钟脉冲电路

用 JK 触发器及与非门构成的双相时钟脉冲电路如图 3-6-9 所示，此电路是用来将时钟脉冲 CP 转换成两相时钟脉冲 CP_A 及 CP_B，其频率相同、相位不同。

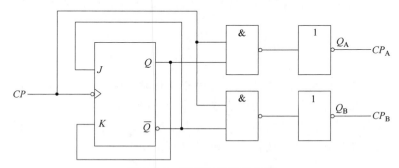

图 3-6-9　双相时钟脉冲电路

分析电路工作原理，并按图 3-6-9 所示接线，用双踪示波器同时观察 CP、CP_A；CP、CP_B 及 CP_A、CP_B 波形，并描绘。

五、实验报告要求

1. 整理实验结果。

2. 画出触发器相互转换的逻辑电路。

3. 总结异步置位、复位端的作用。

4. 总结 D 触发器、JK 触发器的状态变化与时钟的关系。

六、实验预习要求及思考题

1. 预习要求

（1）对基本触发器的工作原理要掌握其工作原理。

（2）对触发器在边沿条件下的工作条件要有感性认识，以便实验时更深刻地体会触发器的工作原理。

2. 思考题

（1）边沿触发器和逻辑门的区别是什么？

（2）触发器在不允许的条件下，输出状态是怎样的？该如何解释这种情况？

实验七　计数器原理及其应用

一、实验目的

1. 掌握由集成触发器构成的二进制计数电路的工作原理。

2. 掌握中规模集成计数器的使用方法。

3. 学习运用上述组件设计简单计数器的技能。

二、实验设备与器件

1. 数字电子技术实验装置一台。

2. 共阴极数码显示管一个。

3. 元器件：二-五-十进制计数器 74LS90 两片、BCD-7 段码译码器 74LS248 一片、与非门 74LS00 一片。

三、实验原理

计数是最基本的逻辑运算，计数器不仅用来计算输入脉冲的数目，而且还用作定时电路、分频电路和实现数字运算等，因而它是一种十分重要的时序电路。

计数器的种类很多，按计数的数制，可分为二进制、十进制及任意进制。按工作方式可分为异步和同步计数器两种。按计数的顺序又可分为加法（正向）、减法（反向）和加减（可逆）计数器。

计数器通常从零开始计数，所以应该具有清零功能。有些集成计数器还有置数功能，可以从任意数开始计数。

1. 异步二进制加法计数器

用 D 触发器或 JK 触发器可以构成异步二进制加法计数器。图 3-7-1 所示是用四个 D 触发器构成的二进制加法计数器。其中每个 D 触发器作为二分频器。在 R_D 作用下计数器清 0。当第一个 CP 脉冲上升沿到来时，Q_0 由 0 变成 1，当第二个 CP 脉冲到来后，Q_0

由 1 变成 0，这又使得 Q_1 由 0 变成 1，依此类推，实现二进制计数。

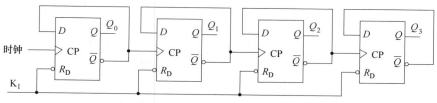

图 3-7-1　异步二进制加法计数器

2. 十进制集成计数电路 74LS90

74LS90 是异步二-五-十进制计数器。其管脚图如图 3-7-2 所示，它的内部有两个计数电路：一个为二进制计数电路，计数脉冲输入端为 CP_1，输出端为 Q_A；另一个为五进制计数电路，计数脉冲输入端为 CP_2，输出端为 Q_B、Q_C、Q_D。这两个计数器可独立使用。当将 Q_A 连到 CP_2 时，可构成十进制计数器。

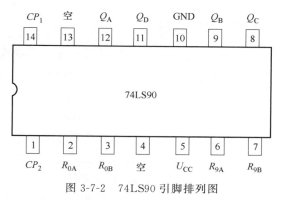

图 3-7-2　74LS90 引脚排列图

74LS90 的功能见表 3-7-1，它具有复 "0" 输入端 R_{0A} 和 R_{0B}，并有复 "9" 输入端 R_{9A} 和 R_{9B}。当输入端 R_{0A} 和 R_{0B} 皆为高电平时，计数器复 "0"；R_{9A} 和 R_{9B} 皆为高电平时，计数器复 "9"。计数时 R_{0A} 和 R_{0B} 其中之一或者两者同时接低电平，并要求 R_{9A} 和 R_{9B} 其中之一或者同时接低电平。

表 3-7-1　　74LS90 功能表

输　　入					输　　出			
R_{0A}	R_{0B}	R_{9A}	R_{9B}	CP	Q_D	Q_C	Q_B	Q_A
1	1	0	×	×	0	0	0	0
1	1	×	0	×	0	0	0	0
0	×	1	1	×	1	0	0	1
×	0	1	1	×	1	0	0	1
×	0	×	0	↓	计数			
0	×	0	×	↓	计数			
0	×	×	0	↓	计数			
×	0	0	×	↓	计数			

3. 实现任意进制计数

用异步二-五-十进制计数器 74LS90 和与门电路可实现 N 进制计数器。如利用 R_{0A}、R_{0B} 端作为反馈置数控制端设计 N 进制计数器，可按以下步骤进行：

（1）写出 N 进制 S_N 的二进制代码；

（2）写出反馈置数（或复 0）函数；

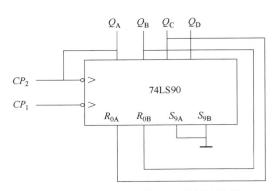

图 3-7-3　用 74LS90 构成六进制计数器

（3）画出相应连线图。

例 1：实现六进制计数器。

（1）写出 N 进制 S_N 的二进制代码：

$$S_6 = Q_D Q_C Q_B Q_A = 0110$$

或 $S_6 = Q_3 Q_2 Q_1 Q_0 = 0110$

（2）写出反馈置数（或复 0）函数：

$$R_{0A} R_{0B} = Q_C Q_B = 1 \quad 或$$

$$R_{0A} R_{0B} = Q_2 Q_1 = 1, R_{9A} R_{9B} = 0$$

（3）画出相应连线图，六进制计数器实现如图 3-7-3 所示。

四、实验内容及步骤

1. 按图 3-7-1 所示，利用两片 74LS74 接成四位二进制计数器，输出端接发光二极管，由时钟端逐个输入单次脉冲，观察并记录 Q_3、Q_2、Q_1 和 Q_0 的输出状态，验证二进制计数功能。从 CP 端输入 1kHz 的连续脉冲，并用示波器观察各级的波形。

2. 按图 3-7-4（a）所示，用 74LS90 接成二进制计数器，由 CP_1 逐个输入单次脉冲，观察输出状态并记录，验证其二进制计数功能。

3. 按图 3-7-4（b）所示，接成五进制计数器，由 CP_2 逐个输入单次脉冲，观察输出状态并记录，验证其五进制计数功能。

4. 按图 3-7-4（c）所示，接成 8421 码十进制计数器，由 CP_1 输入单次脉冲，观察并记录输出状态，验证其十进制计数功能。

5. 按图 3-7-4（d）所示，接成 5421 码十进制计数器，由 CP_2 输入单次脉冲，观察并记录输出状态，验证其计数功能。

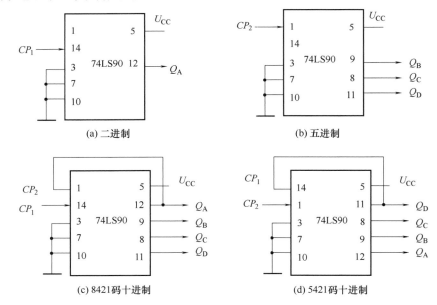

图 3-7-4　用 74LS90 构成不同进制计数器

6. 按图 3-7-5 所示将计数器 74LS90、译码器 74LS248 和数码显示器连起来，由 CP_1 输入单次脉冲，观察一位数码管显示器的计数显示功能（共阴数码显示管左上方标有 CK，共阳左上方标有 CA）。

7. 用 74LS90 和与非门设计一个 60 进制计数器，并验证其功能。

五、实验报告要求

1. 整理实验数据，画出要求的状态图。

2. 整理实验所得的 8421 码计数真值表，画出 CP_1、Q_A、Q_B、Q_C、Q_D 各点对应波形。

3. 画出所设计的 60 进制计数器的逻辑电路。

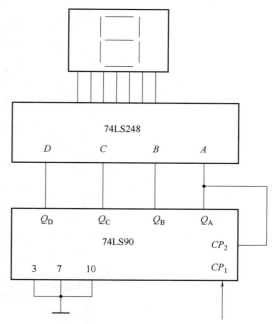

图 3-7-5 计数、译码、显示综合实验

六、课后练习

课后熟悉二-五-十进制计数器 74LS290 的功能，并实现计数器功能。参考资料如下：

表 3-7-2   **74LS290 功能表**

输　　　入					输　　　出			
R_{0A}	R_{0B}	S_{9A}	S_{9B}	CP	Q_3	Q_2	Q_1	Q_0
1	1	0	×	×	0	0	0	0
1	1	×	0	×	0	0	0	0
0	×	1	1	×	1	0	0	1
×	0	1	1	×	1	0	0	1
×	0	×	0	↓	计数			
0	×	0	×	↓	计数			
0	×	×	0	↓	计数			
×	0	0	×	↓	计数			

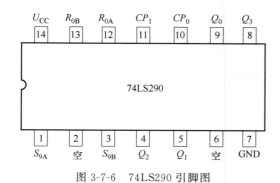

图 3-7-6　74LS290 引脚图

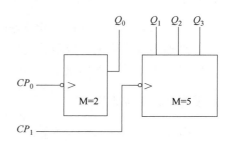

图 3-7-7　74LS290 结构框架图

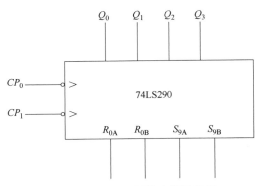

图 3-7-8　74LS290 逻辑功能示意图

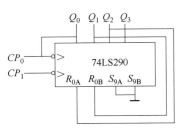

图 3-7-9　74LS290 实现六进制计数器

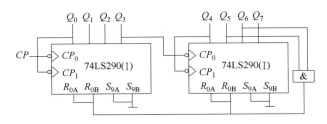

图 3-7-10　两块 74LS290 实现六十进制计数器

七、实验预习要求及思考题

1. 预习要求

（1）清楚掌握对同步、异步计数器的工作原理。

（2）熟悉常用计数器集成块的功能和使用方法。

2. 思考题

（1）一个四位二进制计数器可实现做大模为多少的循环计数器？

（2）假设要设计一个十二进制计数器，可用一块什么类型的集成计数器芯片实现？

实验八　集成计数器综合应用

一、实验目的

1. 学习用集成触发器构成计数器的方法。

2. 掌握中规模集成计数器的使用及功能测试方法。

3. 运用集成计数器构成 L/N 分频器。

二、实验设备与器件

1. 数字电子技术实验装置一台。

2. 元器件：74LS192 两片、74LS161 一片、74LS00 一片。

三、实验原理

计数器是一个实现计数功能的时序部件，它不仅可用来计脉冲数，还常用作数字系统的定时、分频和执行数字运算以及实现其他特定的逻辑功能。

计数器的种类很多。按构成计数器中的各触发器是否使用一个时钟脉冲源来分，有同步计数器和异步计数器。根据计数制的不同，计数器分为二进制计数器、十进制计数器和任意进制计数器。根据计数的增减趋势，计数器又分为加法计数器、减法计数器和可逆计数器。还有可预置数计数器和可编程序功能计数器等。目前，无论是 TTL 集成电路还是 CMOS 集成电路，都有品种较齐全的中规模集成计数器。使用者只要借助于器件手册提供的功能表和工作波形以及引出端的排列，就能正确地运用这些器件。

1. 十进制可逆计数器 74LS192

（1）十进制可逆计数器 74LS192 引脚图及功能表。74LS192 是同步十进制可逆计数器，它具有双时钟输入，并具有清除和置数等功能，其引脚排列及逻辑符号如图 3-8-1 所示。

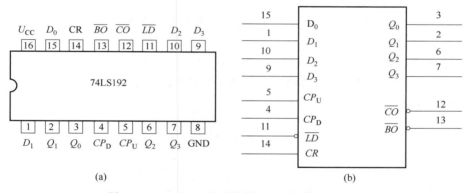

图 3-8-1 74LS192 的引脚排列及逻辑符号示意图

图中：$\overline{LD}$ 为置数端，CP_U 为加计数端，CP_D 为减计数端，$\overline{CO}$ 为非同步进位输出端，$\overline{BO}$ 为非同步借位输出端，D_0、D_1、D_2、D_3 为计数器输入端，CR 为清除端，Q_0、Q_1、Q_2、Q_3 为数据输出端。74LS192 功能表如表 3-8-1 所示。

表 3-8-1　　　　　　　　　　　　**74LS192 功能表**

CR	$\overline{LD}$	CP_U	CP_D	D_3	D_2	D_1	D_0	$Q_3Q_2Q_1Q_0$
1	×	×	×	×	×	×	×	置 0
0	0	×	×	d	c	b	a	置数（dcba）
0	1	↑	1	×	×	×	×	加计数
0	1	1	↑	×	×	×	×	减计数

当 CR 为低电平、$\overline{LD}$ 为高电平时，执行计数功能。执行加计数时，减计数端 CP_D 接高电平，技术脉冲由 CP_U 输入，在计数脉冲上升沿进行 8421 码十进制加法计数。执行减计数时，加计数端 CP_U 接高电平，计数脉冲由减计数端 CP_D 输入。

计数器选用中规模集成电路 74LS192 进行设计较为简便。74LS192 是十进制可编程同步加法计数器，它采用 8421 码二-十进制编码，并具有直接清零、置数、加锁计数功能。其中 CP_U、CP_D 分别是加计数、减计数的时钟脉冲输入端（上升沿有效）。

（2）计数器的级联使用。一个十进制计数器只能表示 $0\sim9$ 十个数，为了扩大计数器的计数范围，常用多个十进制计数器级联使用。同步计数器往往设有进位（或借位）输出端，故可选用其进位（或借位）输出信号驱动下一级计数器。

图 3-8-2 所示是利用 74LS192 进位输出 $\overline{CO}$ 控制高一位的 CP_D 端构成加数级联图（百进制加法计数器）。

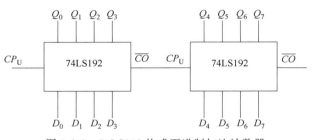

图 3-8-2　74LS192 构成百进制加法计数器

（3）实现任意进制计数。

① 用复位法获得任意进制计数器。假定已有 N 进制计数器，当需要得到一个 M 进制计数器时，只要 $M<N$，用复位法使计数器到 M 时置 "0"，即获得 M 进制计数器。如图 3-8-3 所示为一个由 74LS192 十进制计数器接成的六进制计数器。

② 利用预置功能获得 M 进制计数器。图 3-8-4 所示为用三个 74LS192 组成的 421 进制计数器，外加的由与非门构成的锁存器可以克服器件计数速度的离散性，保证在反馈置 "0" 信号左右下计数器可靠置 "0"。

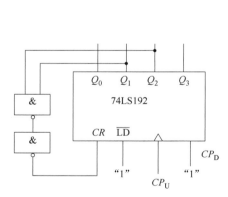

图 3-8-3　利用 74LS192 复位法
构成六进制计数器

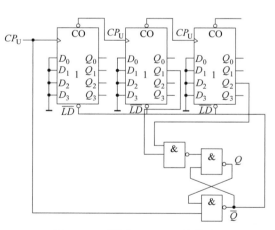

图 3-8-4　利用 74LS192 置数法
构成 421 进制计数器

③ 利用 74LS192 构成特殊十二进制的计数器。在数字钟里，对时位的计数序列 "1、2、…、11、12、1、…" 是十二进制的，且无 0 数。如图 3-8-5 所示，当计数到 13 时，通过与非门产生一个复位信号，使 74LS192（2）（十位）直接置成 0000，而 74LS192（1）的个位直接置成 0001，从而实现了 $1\sim12$ 计数，图 3-8-5 是一个特殊十二进制的计数器电路方案。

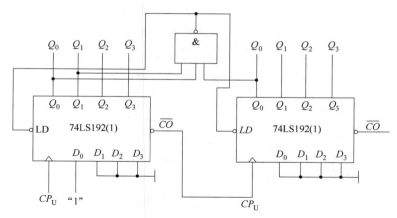

图 3-8-5　特殊十二进制的计数器

2. 集成二进制计数器 74LS161

（1）二进制计数器 74LS161 的引脚图及功能表。集成计数器 74LS161 是 4 位二进制同步计数器，其引脚排列如图 3-8-6 所示，功能如表 3-8-2 所示。其中，CP 为计数脉冲，D_3、D_2、D_1、D_0 为数据输入端，$\overline{CR}$ 为清除端，Q_3、Q_2、Q_1、Q_0 为输出端，$\overline{LD}$ 为预置端，CT_T、CT_P 为使能端。

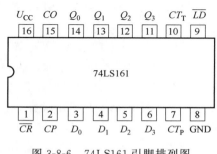

图 3-8-6　74LS161 引脚排列图

表 3-8-2　　　　　　　　　　　74LS161 功能表

CP	$\overline{CR}$	$\overline{LD}$	CT_P	CT_T	输出状态
↑	1	0	×	×	预置
↑	1	1	0	×	保持
↑	1	1	×	0	保持
↑	1	1	1	1	计数
×	0	×	×	×	清除

（2）74LS161 实现任意进制计数。用 74LS161 计数集成电路和与非门可实现 N 进制计数器，例如用 74LS161 设计一个十二进制计数器（$N=12$）有以下几种方法。

方法一：利用同步置数 $\overline{LD}$ 端作为反馈置数控制端设计 N 进制计数器。

解：设计数从 $Q_3Q_2Q_1Q_0=0000$ 开始计数，取 $D_3D_2D_1D_0=0000$，使能端 $CT_T=CT_P=1$，$\overline{CR}=1$

① 写出 N 进制 S_{N-1} 的二进制代码：$S_{11}=Q_3Q_2Q_1Q_0=1011$

② 写出反馈置数函数：$\overline{LD}=\overline{Q_3Q_1Q_0}$

③ 画出相应连线图，利用 74LS161 同步置数法实现十二进制计数器的仿真电路，如图 3-8-7 所示。

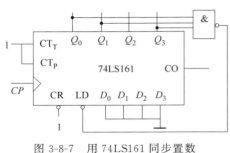

图 3-8-7 用 74LS161 同步置数
法实现 12 进制计数器

方法二：利用异步清零（置 0）端 $\overline{CR}$ 作为反馈置数控制端设计 N 进制计数器。

解：设计数从 $Q_3Q_2Q_1Q_0 = 0000$ 开始计数，使能端 $CT_T = CT_P = 1$，$\overline{LD} = 1$

① 写出 N 进制 S_N 的二进制代码：$S_{12} = Q_3Q_2Q_1Q_0 = 1100$

② 写出反馈置数函数：$\overline{CR} = \overline{Q_3Q_2}$

③ 画出相应连线图，利用 74LS161 异步清零（置 0）法实现十二进制计数器的仿真电路，如图 3-8-8 所示。

四、实验内容

1. 测试十进制计数器 74LS192（或 CC40192）的逻辑功能

将 74LS192 的 CP 接单脉冲源，清零端（CR）、置数端（$\overline{LD}$）、数据输入端（$D_3D_2D_1D_0$）分别接逻辑开关，输出端（$Q_3Q_2Q_1Q_0$）接逻辑电平显示插孔。按表 3-8-1 所列逐项测试，检查是否相符。

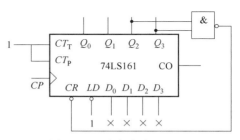

图 3-8-8 异步清零（置 0）
法实现十二进制计数器

（1）清零（CR）。当 $CR = 1$，其他输入端状态为任意态，此时 $Q_3Q_2Q_1Q_0 = 0000$。实现清零功能之后，使 $CR = 0$，清零结束。

（2）置数 $\overline{LD}$。当 $CR = 0$，CP_U、CP_D 任意，$D_3D_2D_1D_0$ 任给一组数据，$\overline{LD} = 0$ 时，输出 $Q_3Q_2Q_1Q_0$ 与 $D_3D_2D_1D_0$ 数据相同，此时 74LS192 处于置数状态。

（3）加法计数。$CR = 0$，$\overline{LD} = 1$，$CP_D = 1$，CP_U 接单次脉冲源。在清零后送入 10 个单次脉冲，观察输出状态变化是否发生在 CP_U 的上升沿。

（4）减计数。$CR = 0$，$\overline{LD} = CP_U = 1$，CP_D 接单次脉冲源。

2. 测试集成二进制计数器 74LS161 的功能与应用

由集成 74LS161 的引出端的排列图、功能示意图可知各引脚的功能是：1 脚为直接清零端 $\overline{CR}$，2 脚为 CP 端，7 脚、10 脚是两个工作状态控制端，9 脚为置数控制端 $\overline{LD}$，15 脚为进位输出端，3 脚、4 脚、5 脚、6 脚是并行输入数据端，11 脚、12 脚、13 脚、14 脚是计数器输出端。

接通电路，按要求测试：

（1）令 $\overline{CR} = 0$，则 $Q_3Q_2Q_1Q_0 = $ _____，与 CP _____（有关或无关）。

（2）设初始状态都为 0，$\overline{CR} = 1$，$D_0 = 0$、$D_1 = 0$、$D_2 = 1$、$D_3 = 1$，令 $\overline{LD} = 0$，则 $Q_3Q_2Q_1Q_0 = $ _____；令 $\overline{LD} = 0$，CP 上升沿，则 $Q_3Q_2Q_1Q_0 = $ _____。

（3）加计数。令 $\overline{CR} = 0$，$\overline{LD} = 1$，CP 接单次脉冲，清零后加入 16 个单次脉冲，观察输出变化并记录在表 3-8-3 中。

表 3-8-3 74LS161 加计数器

CP	Q_3	Q_2	Q_1	Q_0	CP	Q_3	Q_2	Q_1	Q_0
1					9				
2					10				
3					11				
4					12				
5					13				
6					14				
7					15				
8					16				

3. 用 74LS161、74LS00 设计一个六、九进制加法计数器

（1）按上述设计多进制方法设计电路。

（2）写出设计过程，并画出相应的逻辑图。

（3）连接设计电路。

（4）验证电路设计是否正确。

4. 用十进制计数器 74LS192 构成九进制计数器

5. 用十进制计数器 74LS192 构成特殊十二进制计数器

6. 用十进制计数器 74LS192 设计一个数字移位 60 进制计数器

（1）用加法实现。

（2）用减法实现。

7. 用二进制计数器 74LS161 构成六十进制计数器

（1）用复位法（清零法）实现。

（2）用置数法实现。

画出用复位法和置数法实现的六十进制计数器。

五、实验报告要求

1. 画出实验线路图，记录与整理实验现象及实验所得的相关数据。

2. 总结 74LS192、74LS161 计数器的功能。

六、预习要求及思考题

1. 预习要求

（1）复习教材中有关计数器的内容。

（2）绘出实验内容要求的电路图及接线图。

（3）熟悉集成 74LS161、74LS 163 等集成计数器芯片的功能及应用。

2. 思考题

（1）用 74LS192 和 74LS161 实现任意进制计数器方法有何不同？

（2）使用单片集成计数器，计数器级联等时要注意哪些事项？

实验九　移位寄存器和锁存器

一、实验目的

1. 熟悉移位寄存器的组成和工作特点。
2. 掌握集成双向移位寄存器 74LS194 的逻辑功能和使用方法。
3. 熟悉锁存器 74LS373 的功能和应用。
4. 学会数据的串并转换。

二、实验设备与器件

1. 数字电子技术实验装置一台。
2. 双踪示波器一台。
3. 元器件：移位寄存器 74LS194 两片、双 D 触发器 74LS74 两片、八 D 锁存器 74LS373 一片、与非门 74LS00 一片。

三、实验原理

1. 移位寄存器

具有移位功能的寄存器称为移位寄存器，移位功能是由触发器串联实现的同步时序电路，图 3-9-1 所示是由 D 触发器组成的四位右移移位寄存器。移位寄存器有多种用途，可以实现数据的串—并或并—串转换，可以存储或延迟输入—输出信息，用移位寄存器还可以实现二进制的乘 2 和除 2 功能。

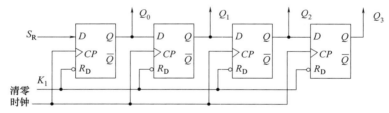

图 3-9-1　由 D 触发器组成四位右移移位寄存器

集成移位寄存器的类型较多，各有特点，功能有所差别。例如中规模集成移位寄存器 74LS194 就具有左移、右移、保持、清零、数据并入/并出、并入/串出等功能。这些功能通过控制端 M_0 和 M_1 实现，74LS194 的引管脚排列见图 3-9-2。

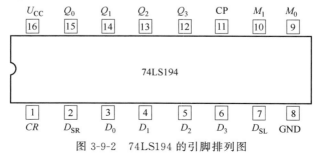

图 3-9-2　74LS194 的引脚排列图

当 CR 为低电平时，输出清零，移位工作时，CR 为高电平。$M_1M_0 = 00$ 或时钟 CP 为低电平时，输出保持不变。$M_1M_0 = 11$ 为置数方式，可以对输出并行置数。当 $M_1M_0 = 01$，数据从 D_{SR} 输入，在 CP 脉冲作用下，实现右移。当 $M_1M_0 = 10$，数据从 D_{SL} 输入，在 CP 脉冲作用下，实现左移。

利用移位寄存器可以构成移位型计数器，常用的有环形和扭环形两种。环形计数器不需要译码硬件就能识别计数器状态，扭环形计数器的译码逻辑也比二进制简单。移位型计数器常用来产生各种时序信号，所以还需要考虑自启动问题。自启动是通过反馈逻辑实现的，图 3-9-3 所示是一种能自启动的环形计数器，图 3-9-4 所示是一种能自启动的扭环形计数器。

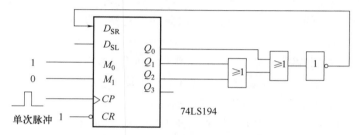

图 3-9-3　能自启动的环形计数器

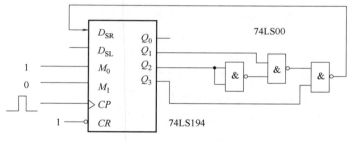

图 3-9-4　能自启动的扭环形计数器

2. 数据锁存器

在数据锁存器中集成了若干个 D 触发器，但有一个共同的使能端，一个数据输出允许端。它的主要功能是暂时保存数据，它可以作为计算机的输出接口，也常作为地址锁存器用于计算机中实现总线的分时复用。图 3-9-5 所示是集成锁存器 74LS373 的引脚图及功能表，它是一个带三态门的八 D 锁存器。

四、实验内容及步骤

1. 移位寄存器实验

（1）用两片双 D 触发器 74LS74 直接连成图 3-9-1 所示的逻辑电路，串行数据输入端 S_R 和清零端分别连到数字实验箱的逻辑开关 K_2、K_1，CP 接单次脉冲 P，$Q_0 \sim Q_3$ 接发光二极管 LED。

（2）接通电源后用 K_1 对 D 触发器的输出清零，再使 K_1 为高电平，使 74LS74 处于工作状态。

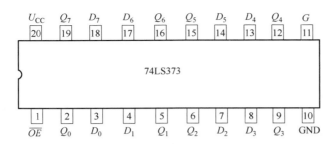

图 3-9-5　74LS373 的引脚排列图及功能表

（3）在串行数据输入 $K_2=1$ 的情况下，按动单次脉冲，观察并记录移位情况。

（4）交替改变 K_2 的逻辑电平，按动单次脉冲，观察并记录移位情况。

2. 集成移位寄存器

将 74LS194 插入实验箱，输出 $Q_0 \sim Q_3$ 接四个 LED 发光二极管，工作方式 M_0、M_1 分别接逻辑开关 K_1、K_2，清零端接复位开关，CP 接单次脉冲，数据输入 $D_0 \sim D_3$ 分别接四只数据开关。可以对 74LS194 进行基本功能验证。

（1）清零：接通电源后，按复位开关，使 $CR=0$，此时 $Q_0 \sim Q_3 = 0000$，所接的四只 LED 发光二极管全灭。

（2）保持：使 $CR=1$，$CP=0$，改变控制方式 M_1、M_0，输出状态不变。或者使 $M_0=M_1=0$，$CR=1$，按动单次脉冲，这时输出状态仍然不变。

（3）置数（并行输入、并行输出）：使 $M_0=M_1=1$，$CR=1$，置数开关为 1010，按动单次脉冲，在 CP 的上升沿，观察输出的四个 LED 是否为 $Q_0 \sim Q_3 = 1010$。改变数据开关使输入数据分别为 0000 和 1111，按动单次脉冲，观察输出结果。

（4）右移：Q_3 接到 D_{SR}，先按上述方法置数，使 $Q_0 \sim Q_3 = 0001$。再使 $M_1=0$、$M_0=1$，重复按动单次脉冲，观察输出结果，并记入状态图 3-9-6（a）。

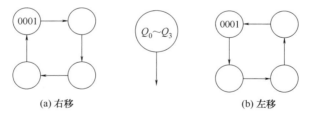

(a) 右移　　　　　　　　　　　　　　　(b) 左移

图 3-9-6　74LS194 右移、左移状态图

（5）左移：把 Q_0 接到 D_{SL}，先按上述方法置数，使 $Q_0 \sim Q_3 = 0001$。再使 $M_1=1$、$M_0=0$，重复按动单次脉冲，观察输出结果，并记入状态图 3-9-6（b）。

3. 观察状态图

按照图 3-9-3 的原理，用 74LS194 连接一个环形计数器，其输出连接四个发光二极管，根据实验记录画出状态图。

4. 制作三分频器电路

按照图 3-9-7 的原理，连成一个三分频器，CP 采用连续脉冲，用示波器观察并记录输出波形。

5. 数据串行/并行转换

图 3-9-8 所示是实现数据串行/并行转换的电路，试分析其工作原理，并通过实验观察数据的转换过程。

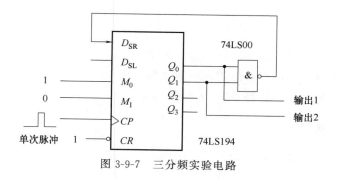

图 3-9-7 三分频实验电路

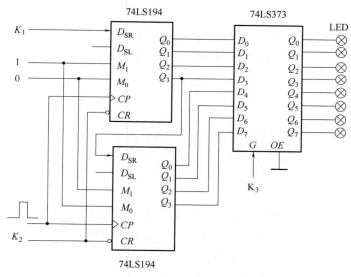

图 3-9-8 数据串并转换实验电路

五、实验报告要求

画出实验的逻辑电路，写出逻辑表达式，整理实验数据，画出实验中要求记录的波形。

六、预习要求及思考题

1. 预习要求

（1）掌握移位寄存器的组成和工作特点等理论知识。

（2）对双向移位寄存器 74LS194 的逻辑功能有初步了解。

2. 思考题

（1）数据串行存储和并行存储的不同之处是什么？

（2）数据串行存储和并行存储各有什么特点？

实验十 脉冲信号产生电路

一、实验目的

1. 掌握用基本门电路构成多谐振荡器的方法。
2. 熟悉单稳态触发器的工作原理和参数选择。
3. 熟悉施密特触发器的脉冲整形和应用。

二、实验仪器与器材

1. 数字电子技术实验装置一台。
2. 万用表一个。
3. 双踪示波器一台。
4. 元器件：与非门 74LS00、TTL 六反向器 74LS04、六反向器 CD4069、施密特触发器 CD4093、计数器 CD4060 各一片，石英晶体振荡器 32768Hz 一个，电阻器、电容器、电位器若干个。

三、实验原理

脉冲信号产生电路是数字系统中必不可少的单元电路，同步信号、时钟信号和时基信号等都由它产生。产生脉冲信号的电路通常称为多谐振荡器。它不需信号源，只要加上直流电源，就可以自动产生信号。脉冲的整形通常应用单稳态触发器或施密特触发器实现。

脉冲信号的产生与整形可以用基本门电路来实现。现在已经有集成单稳态触发器、集成施密特触发器。另外用 555 定时器也可以产生脉冲或实现脉冲整形。本实验主要研究用基本门电路组成的脉冲产生和整形电路。

1. 多谐振荡器

（1）TTL 门电路构成的多谐振荡器。由于 TTL 门电路速度快，因此它适合产生中频段脉冲源。图 3-10-1 所示是由 TTL 反向器构成的全对称多谐振荡器，若取 $C_1 = C_2 = C$、$R_1 = R_2 = R$，则电路完全对称，电容充、放电时间相等，其振荡周期近似为 $T = 1.4RC$。一般 R_1、R_2 的取值不超过 $1\mathrm{k}\Omega$，若取 $R_1 = R_2 = 500\Omega$，$C_1 = C_2 = 100\mathrm{pF} \sim 100\mu\mathrm{F}$，则其振荡频率的范围为几十赫到几十兆赫。

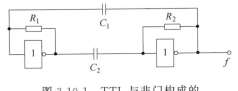

图 3-10-1 TTL 与非门构成的
全对称多谐振荡器

（2）环形多谐振荡器。如图 3-10-2 所示是用 TTL 与非门构成的环形多谐振荡器，图中取 $R_1 = 100\Omega$，R_w 为 $2 \sim 50\mathrm{k}\Omega$，可调电容 C 的变化范围是 $100\mathrm{pF} \sim 50\mu\mathrm{F}$，则振荡频率可从数千赫变到数兆赫。电路的振荡周期为 $T = 2.2RC$，其中 $R = R_1 + R_\mathrm{w}$。

（3）晶体振荡器。用 TTL 或 CMOS 门电路构成的振荡器幅度稳定性较好，但频率稳定性较差，一般只能达到 $10^{-2} \sim 10^{-3}$ 数量级。在对频率的稳定度、精度要求高的场合，选

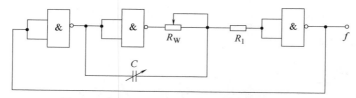

图 3-10-2　TTL 与非门构成的环形多谐振荡器

用石英晶体组成的振荡器较为适合。其频率稳定度可达 10^{-5} 以上。图 3-10-3 所示是用 CMOS 芯片 CD4069 和晶体构成的多谐振荡器，C_o 一般取 20pF，C_S 取 10～30pF，其输出频率取决于晶体的固有振荡频率。

2. 单稳态触发器

稳态触发器的特点是它只有一个稳定状态，在外来脉冲的作用下，能够由稳定状态翻转到暂稳态。暂稳态维持一段时间（T_W）以后，将自动返回到稳定状态。T_W 大小与触发脉冲无关，仅取决于电路本身的参数。单稳态触发器一般用于定时、整形及延时等。单片集成的单稳态触发器有 74LS122、CC4098 等。

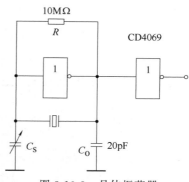

图 3-10-3　晶体振荡器

如图 3-10-4 所示是用与非门构成的微分型单稳态触发器，其输出脉冲宽度为：$T_w = 0.8RC$。

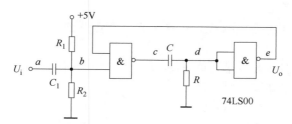

图 3-10-4　微分型单稳态触发器

3. 施密特触发器

施密特触发器的特点是：电路有两个稳定状态，电路状态的翻转依靠外触发电平来维持。一旦外触发电平下降到一定值后，电路立即恢复到初始稳态。其工作原理是施密特触发器有两个触发电平 U_{TH} 和 U_{TL}，当输入信号大于 U_{TH} 时，U_o 状态翻转；一直到 U_i 下降到低于 U_{TL} 时 U_o 又恢复到初始状态。电路的回差电压为

$$U_T = U_{TH} - U_{TL}$$

集成施密特触发器由于性能好、触发电平稳定，得到了广泛应用。例如 CMOS 集成块 CD4093 是

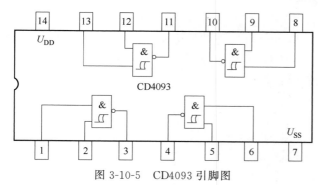

图 3-10-5　CD4093 引脚图

2 输入 4 与非门施密特触发器。图 3-10-5 所示是 CD4093 的引脚图。

四、实验内容及步骤

1. 多谐振荡器实验

从图 3-10-1 或图 3-10-2 中选择一种振荡电路，使其振荡。用示波器观察输出频率，测量周期，并与理论值比较。图 3-10-6 所示是六反相器 74LS04 的引脚图。

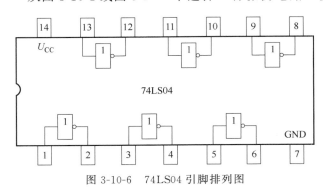

图 3-10-6 74LS04 引脚排列图

2. 单稳态电路实验

（1）按图 3-10-4 所示连接电路，R 选用一个 300Ω 的电位器，以调节振荡频率，取 $R_1 = 5.1\text{k}\Omega$，$R_2 = 2.5\text{k}\Omega$，电容 $C = 0.01\text{F}$，$C_1 = 200\text{pF}$。

（2）输入信号 $U_i = 0$ 时接通 5V 电源，用万用表测量并记录 b、c、d、e 四点电位。

（3）输入频率为 10kHz，幅度大于 4V 的方波 U_i，用示波器观察并记录 a、d、e 三点波形，并绘在坐标纸上。

（4）改变电容 C 的参数值，记录脉宽的变化。

3. 施密特触发器实验

（1）按图 3-10-7 所示连接电路，在输入信号为正弦波、三角波的情况下，用示波器观察 U_o 的波形。

（2）如果在实验多谐振荡器或单稳态触发器时得到的波形不是矩形波，将其输出连接到图 3-10-7 中的 U_i，再观察输出波形。

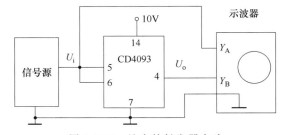

图 3-10-7 施密特触发器实验

4. 选作实验

（1）施密特触发器实现的多谐振荡器。按图 3-10-8 所示的原理图设计并连接电路，改变 R、C 值，用示波器观察输出波形。

（2）秒脉冲输出电路。如图 3-10-9 所示是产生秒脉冲的电路原理图，选用 32768Hz 的石英晶体，$R = 10\text{M}\Omega$，$C_s = 0 \sim 50\text{pF}$，CD4060 是 14 位的计数器，自己查出管脚图，设计出产生秒脉冲的逻辑电路，并通过实验验证。

五、实验报告要求

1. 画出实验的逻辑电路。

2. 整理实验表格。

3. 描绘实验中要求的波形。

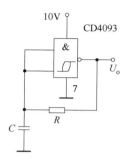

图 3-10-8 施密特触发器
实现多谐振荡器

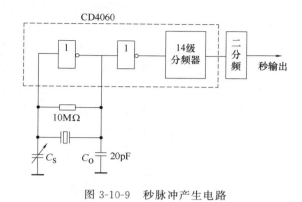

图 3-10-9 秒脉冲产生电路

六、预习要求及思考题

1. 预习要求

（1）复习基本门电路构成多谐振荡器的方法。

（2）掌握施密特触发器的脉冲整形原理。

（3）预习脉冲信号产生原理

2. 思考题

（1）产生脉冲或实现脉冲信号的方法还有哪些？

（2）脉冲信号产生不同方法各有什么特点，哪种更容易产生秒脉冲信号？

实验十一 555 定时器

一、实验目的

1. 熟悉 555 定时器的组成和工作原理。

2. 掌握 555 定时器产生脉冲和对脉冲进行整形的电路。

二、实验仪器与器件

1. 数字电子技术实验装置一台。

2. 双踪示波器一台。

3. 元器件：定时器 NE55 一片，二极管（2CZ）两个、电阻器、电容器若干个。

三、实验原理

1. 555 定时器

555 定时器是一种模拟和数字功能相结合的中规模集成器件，一般用双极性工艺制作的称为 555，用 CMOS 工艺制作的称为 7555。除单定时器外，还有对应的双定时器 556/7556。555 定时器的电源电压范围宽，可在 4.5～16V 工作，7555 可在 3～18V 工作，输出驱动电流约为 200mA，因而其输出可与 TTL、CMOS 或者模拟电路电平兼容。

555 定时器成本低、性能可靠，只需要外接几个电阻、电容，就可以实现多谐振荡器、单稳态触发器及施密特触发器等脉冲产生与变换电路。它也常作为定时器广泛应用于仪器仪表、家用电器、电子测量及自动控制等方面。555 定时器的内部电路框图和外引脚排列图分别如图 3-11-1 和图 3-11-2 所示。它内部包括两个电压比较器、三个等值串联电阻、一个 RS 触发器、一个放电管 T 及功率输出级。它提供两个基准电压 $U_{CC}/3$ 和 $2U_{CC}/3$，它的功能表如表 3-11-1 所示。

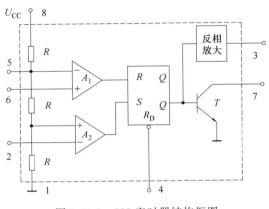

图 3-11-1 555 定时器结构框图   图 3-11-2 555 定时器引脚图

555 定时器的功能主要由两个比较器决定，两个比较器的输出电压控制 RS 触发器和放电管的状态。在电源与地之间加上电压，当 5 脚悬空时，则电压比较器 A_1 的反相输入端的电压为 $2U_{CC}/3$，A_2 的同相输入端的电压为 $U_{CC}/3$。若触发输入端 $\overline{TR}$ 的电压小于 $U_{CC}/3$，则比较器 A_2 的输出为 1，可使 RS 触发器置 1，使输出端 $OUT=1$。如果阈值输入端 TH 的电压大于 $2U_{CC}/3$，同时 $\overline{TR}$ 端的电压大于 $U_{CC}/3$，则 A_1 的输出为 1，A_2 的输出为 0，可将 RS 触发器置 0，使输出为 0 电平。

表 3-11-1   **555 定时器功能表**

输入端			输出端	
复位 $\overline{R_D}$	触发 $\overline{TR}$	阈值 TH	放电管 T	输出 OUT
0	×	×	导通	0
1	$<U_{CC}/3$	$<2U_{CC}/3$	截止	1
1	$>U_{CC}/3$	$>2U_{CC}/3$	导通	0
1	$>U_{CC}/3$	$>2U_{CC}/3$	不变	原状态

2. 555 定时器的应用

（1）多谐振荡器。图 3-11-3（a）是用 555 定时器组成的多谐振荡器。令 $R_1=R_0+R_W$，则 R_1、R_2 和 C 为定时元件，C_1 是滤波电容，通常 R_1、R_2 大于 $1k\Omega$。接通电源时，放电管 T 截止，$U_o=1$。此时电源通过 R_1、R_2 向电容 C 充电，当电容上电压大于 $2U_{CC}/3$ 时，比较器 1 翻转，输出 $U_o=0$，同时 555 内部的放电管 T 导通，电容 C 通过 R_2

放电；当电容上电压小于 $U_{CC}/3$ 时，比较器 2 翻转，使输出电压 $U_o = 1$，C 放电终止，又重新开始充电。电容电压 U_C 和输出电压 U_o 的波形如图 3-11-3（b）所示。此过程重复，形成振荡。

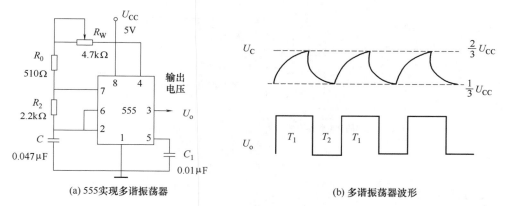

(a) 555实现多谐振荡器　　　　　　　　　　(b) 多谐振荡器波形

图 3-11-3　多谐振荡器

充电时间　$T_1 = 0.693(R_1 + R_2)C$

放电时间　$T_2 = 0.693R_2C$

振荡周期　$T = T_1 + T_2 = 0.693(R_1 + 2R_2)C$

占空比　$D = T_1/T$

（2）单稳态触发器和施密特触发器。单稳态电路的组成如图 3-11-4（a）所示。$R = R_1 + R_w$，当电源接通后，U_{CC} 通过电阻 R 向电容 C 充电，待电容 U_C 上升到 $2U_{CC}/3$ 时 RS 触发器置 0，即输出 U_o 为低电平，同时电容 C 通过三极管 T 放电。当触发端的外接输入信号电压 $U_i < U_{CC}/3$ 时，RS 触发器置 1，即输出 U_o 为高电平，同时三极管 T 截止。电源 U_{CC} 再次通过电阻 R 向电容 C 充电。输出维持高电平的时间取决于 RC 的充电时间，输出电压的脉宽 $T_w = RC\ln3 \approx 1.1RC$，一般 R 取 $1k\Omega \sim 10M\Omega$，$C > 1000pF$。图 3-11-4（b）所示是触发电压 U_i、电容电压 U_C 和输出电压 U_o 的波形。

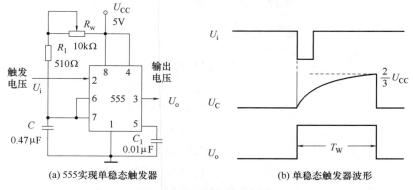

(a) 555实现单稳态触发器　　　　　　　　　(b) 单稳态触发器波形

图 3-11-4　单稳态触发器

如图 3-11-5（a）所示为用 555 定时器实现的施密特触发器，它的电压传输特性见图 3-11-5（b），其中 $U_{TH} = 2U_{CC}/3$，$U_{TL} = U_{CC}/3$，其回差电压 $U_T = U_{CC}/3$。

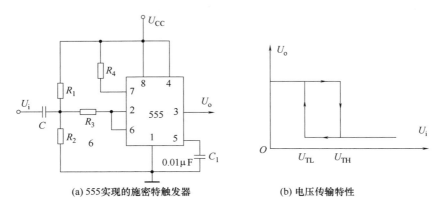

(a) 555实现的施密特触发器   (b) 电压传输特性

图 3-11-5 施密特触发器

四、实验内容及步骤

1. 多谐振荡器

（1）按图 3-11-3（a）所示接线，组成一个占空比可调的多谐振荡器。

（2）$C = 10\mu F$，调节电位器 R_w，用示波器观察输出信号的波形和占空比。

2. 单稳态触发器

（1）按图 3-11-4（a）所示连接电路，组成一个单稳态触发器。

（2）将频率为 1kHz，幅度为 4V 的矩形波信号加到 U_i 端，用示波器测量输出脉冲宽度。

（3）改变输入信号的占空比，观察对输出脉冲有无影响。

（4）改变输入信号的频率，测量输出频率的最大值。

（5）取 $R = 500k\Omega$，$C = 10\mu F$，555 的输出端接一个 LED，触发输入端接单次脉冲，用秒表记录 LED 点亮的时间。

3. 施密特触发器

（1）按图 3-11-5（a）连接电路，其中取 $R_1 = R_2 = 51k\Omega$，$R_3 = 1k\Omega$，$C = 1\mu F$。组成施密特触发器。

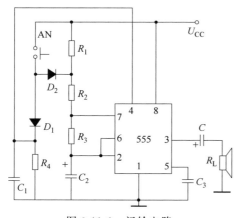

图 3-11-6 门铃电路

（2）将频率为 1kHz，幅度为 4V 的锯齿波信号加到 U_i，观察输出脉冲波形，记录上限触发电平，下限触发电平，算出回差电压。

4. 门铃电路

图 3-11-6 所示为"叮咚"门铃电路，555 定时器与 R_1、R_2、R_3 和 C_2 组成多谐振荡器。按钮 AN 未按下时，555 的复位端通过 R_4 接地，因而 555 处于复位状态，扬声器不发声。当按下 AN 后，电源通过二极管 D_1 使得 555 的复位端为高电平，振荡器起振。因为 R_1 被短路，所以振荡频率较高，发出"叮"声。当

松开按钮，电容 C_1 上的电压继续维持高电平，振荡器继续振荡，但此时 R_1 已经接入定时电路，因此振荡频率较低，发出"咚"声。同时 C_1 通过 R_4 放电，当 C_1 上电压下降到低电平时，555 又被复位，振荡器停振，扬声器停止发声。

电路元件的参数为：电源电压＋6V；电阻 $R_1 = 39\text{k}\Omega$，$R_2 = R_3 = 30\text{k}\Omega$，$R_4 = 4.7\text{k}\Omega$；电容 $C_1 = 47\mu\text{F}$，$C_2 = 0.01\mu\text{F}$，$C_3 = 22\mu\text{F}$，扬声器阻抗为 8Ω，二极管采用 2CZ 系列。

通过实验调试，使该电路工作，并计算该振荡器的两个不同的振荡频率 f_1 和 f_2。

5. 思考与设计

设计一个楼梯路灯的控制电路，要求按下开关灯马上亮起，延时 4 分钟后灯自动熄灭。

五、实验报告要求

1. 画出实验的逻辑电路。

2. 整理实验表格。

3. 观察电阻和电容对输出波形的影响。

六、预习要求及思考题

1. 预习要求

（1）复习并掌握 555 定时器的工作原理。

（2）掌握 555 定时器产生脉冲信号的方法。

（3）复习脉冲进行整形的原理。

2. 思考题

课后查阅资料，看看 555 定时器还有什么用途？

实验十二 随机存取存储器（RAM）

一、实验目的

1. 熟悉 RAM 的工作原理及使用方法。

2. 掌握 RAM 存储器 2114 的应用。

二、实验仪器与器件

1. 数字电子技术实验装置一台。

2. 元器件：二进制计数器 74LS193、三态门 74LS125、与非门 74LS00、随机存储器 2114 各一片。

三、实验原理

在计算机及其接口电路中，通常要存储二进制信息。存储器有 RAM、ROM，RAM 又分为静态的 SRAM 和动态的 DRAM。2114 是存储容量为 $1\text{K} \times 4$ 位的静态 SRAM，它由三部分组成：地址译码器、存储矩阵和控制逻辑。地址译码器接受外部输入的地址信号，经过译码后确定相应的存储单元；存储矩阵包含许多存储单元，它们按一定的规律排列成矩阵形式，组成存储矩阵；控制逻辑由读写控制和片选电路构成。

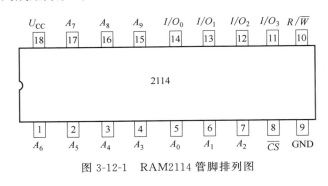

图 3-12-1   RAM2114 管脚排列图

RAM2114 的工作电压为 5V，输入、输出电平与 TTL 兼容。RAM2114 的引脚排列如图 3-12-1 所示。其中：$A_0 \sim A_9$ 为地址码输入端；R/W 为读写控制端；$I/O_0 \sim I/O_3$ 是数据输入输出端；CS 为片选端。当 CS 为 1，芯片未选中，此时数据输入/输出端呈高阻状态。当片选端为 0，2114 被选中，如果读写控制端为高电平，则数据可以由地址 $A_0 \sim A_9$ 指定的存储单元读出，如果读写控制端为低电平，2114 执行写入操作，数据被写入到由地址 $A_0 \sim A_9$ 指定的存储单元。RAM2114 的功能见表 3-12-1。对于 RAM 的读写操作，要严格注意时序的要求。读操作时，即首先给出地址信号 $A_0 \sim A_9$，然后使片选信号有效，再使读控制有效，随后数据从指定的存储单元送到数据输出端。对 2114 进行写操作的时序是：先有地址信号，再有片选信号，随后使写入的数据和写信号有效。

表 3-12-1   **RAM2114 功能表**

$\overline{CS}$	$R/\overline{W}$	I/O	工作模式
1	×	高阻	未选中
0	0	0	写 0
0	0	1	写 1
0	1	输出	读出

四、实验内容和步骤

（1）按图 3-12-2 连接电路，并把三个集成块的电源端接实验箱的 ＋5V 电压。将 RAM 存储器 2114 的 $A_3 \sim A_0$ 接二进制计数器 74LS193 的输出端 $Q_D \sim Q_A$，它的地址信号

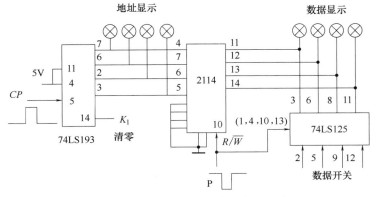

图 3-12-2   RAM2114 的读写实验电路

输入端 $A_4 \sim A_9$ 和片选端均接地。即本实验只利用了 2114 的 16 个存储单元。74LS125 为三态门，它的 4 个三态门的使能端（1，4，10，13）并联后接到 2114 的读写控制端，再接到实验箱的单次脉冲输出端。当 2114 执行读操作时，三态门的输出应该呈高阻状态；当 2114 执行写操作时，三态门的使能端有效，三态门与数据开关接通。要写入的单元地址由计数器决定，要写入的数据由数据开关决定。

（2）74LS193 的引脚排列如图 3-12-3 所示。它的清零端 14 脚为高电平时，计数器清零，当它为低电平时执行计数操作。所以先让 $K_1 = 1$，然后让 $K_1 = 0$。

（3）按动连接在计数器的单次脉冲 CP，根据与计数器输出相连的四个 LED 可以确定 2114 的存储单元地址。再改变数据开关就能够确定被写入的数据。注意单脉冲产生的应是负脉冲。当其为低电平时有两个作用，一是使三态门工作，二是使 2114 的写控制有效。所以按动单次脉冲 CP，就可以将给定的数据写入到指定的 RAM 存储单

图 3-12-3　74LS193 引脚排列图

元。按表 3-12-2 所列的要求改变地址 $A_3 \sim A_0$ 和数据 $I_3 \sim I_0$，将实验结果填入表 3-12-2 中。

（4）让 CP 为高电平，关闭三态门，并使 2114 处于读工作状态。用 K_1 对计数器清零，再使计数器处于计数状态。按动单次脉冲 CP，根据与计数器输出相连的四个 LED 的状态确定 2114 的存储单元的地址。通过与 2114 的 $I/O_3 \sim I/O_0$ 相连的四个 LED 观察从 2114 读出的数据 $O_3 \sim O_0$。按表 3-12-2 的要求改变地址 $A_3 \sim A_0$，将读出的结果 $O_3 \sim O_0$ 填入表 3-12-2 中，并比较是否与写入的数据一致。

表 3-12-2　　　　　　　　　　　　2114 读写实验结果

地址输入				数据写入				数据读出			
A_3	A_2	A_1	A_0	I_3	I_2	I_1	I_0	Q_3	Q_2	Q_1	Q_0
0	0	0	0								
0	0	0	1								
0	0	1	0								
0	0	1	1								
0	1	0	0								
0	1	0	1								
0	1	1	0								
0	1	1	1								
1	0	0	0								
1	0	0	1								
1	0	1	0								
1	0	1	1								
1	1	0	0								
1	1	0	1								
1	1	1	0								
1	1	1	1								

五、实验报告要求

1. 画出实验电路图。
2. 查 74LS193 的逻辑功能表，说明在图 3-12-2 中，74LS193 工作在何种计数方式。
3. 根据实验数据填充表格 3-12-2。
4. 设计用 2114 扩展成 1K×8 位存储器的电路图。

六、预习要求及思考题

1. 预习要求
（1）复习 RAM 的工作原理。
（2）了解 RAM 在数字电路中的应用情况。

2. 思考题
（1）RAM 存储器的电路是如何存储数据的？
（2）若要存储 100 位的二进制数，需要多少个 RAM 存储器单元？

实验十三　模数转换器（A/D）

一、实验目的

1. 了解模数转换器的结构与工作原理。
2. 了解模数转换器 ADC0809 的性能指标。
3. 掌握模数转换器 ADC0809 的使用。

二、实验仪器与器材

1. 数字电子技术实验装置一台。
2. 双踪示波器一台。
3. 万用表一只。
4. 元器件：集成门电路 ADC0809 一片，电位器 1kΩ 一个。

三、实验原理

模数转换器（A/D）的类型和集成芯片很多，本实验采用的是 ADC0809，它是 8 位的逐次逼近式模数转换器。它有 8 路模拟输入，由 3 位数字信号 C、B、A 控制 8 选 1 模拟开关，来选通某一路模拟输入。集成块的内部电路中有对这三位数字信号的锁存和译码电路，并以 ALE 控制。当 $CBA=000\sim111$ 时，在 ALE 的控制下，分别选通 $IN_0\sim IN_7$。

ADC0809 的模数转换由信号 $START$ 的下降沿启动；由 EOC 的状态可以得知 A/D 转换是否结束。当 $EOC=0$，表明 A/D 转换正在进行；$EOC=1$ 表明本次 A/D 转换结束。转换结束后的数据是由输出锁存器锁存并经过三态门缓冲后输出的。三态缓冲器由 OE 控制，当 $OE=1$ 时允许输出；$OE=0$ 时禁止输出。

ADC0809 可以进行 8 路 A/D 转换。这种器件使用时不需要调零和满量程调节，当输入时钟频率为 640kHz 时，转换时间约为 100μS，转换速度和精度属中档，价格较便宜，所以在测量与控制中应用较多。

输入 ADC0809 的模拟信号是单极性的（0～5V）。在输入信号是双极性（－5V～＋5V）的场合，需要附加电路。

ADC0809 采用 CMOS 工艺，工作电源为＋5V，其外引脚为 28 脚，管脚排列如图 3-13-1 所示。

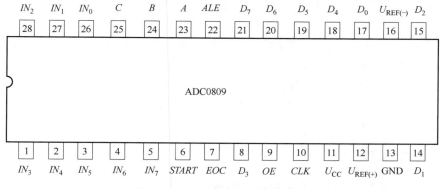

图 3-13-1　ADC0809 引脚排列图

四、实验内容及步骤

（1）在实验箱中插入 ADC0809 集成块，按图 3-13-2 所示的电路接线，其中用发光二极管 LED 观察 A/D 转换的结果和 A/D 转换的状态，CLK 接实验箱的连续脉冲，地址码 C、B、A 和输出允许端 OE 接逻辑开关。

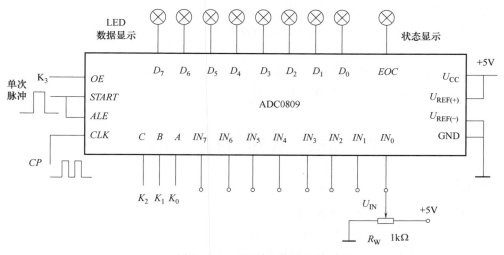

图 3-13-2　AD 转换实验电路

（2）检查电路连接无误后，接通电源。调节 CP 的频率脉冲大于 1kHz（小于 100kHz 可以用示波器观察波形，并估算频率），"START" 和 "ALE" 端接单次脉冲。注意单次脉冲平时处于低电平，只有在启动 A/D 转换时才发出一个正脉冲。

（3）用逻辑开关置 $CBA=000$，即选择模拟输入通道 IN_0，开关 K_3 置为高电平，调节 R_W，并用万用表测量使得 U_{IN} 为 4.5V，依次按单次脉冲观察，并根据 LED 的状态记录输出 $D_7 \sim D_0$ 的值。

（4）按上述方法，分别调 U_{IN} 为 3.5V、2.5V、1.5V、1V、0.5V、0.2V、0.1V、0V 进行实验，观察并记录每次输出 $D_7 \sim D_0$ 的值。

（5）调节 R_W 使 $D_7 \sim D_0$ 全部为 1，测量此时的 U_{IN}。

（6）改变开关 $K_0 \sim K_2$，分别将 U_{IN} 接到 IN_1、IN_3、IN_5、IN_7，每次重复 2～5 的步骤。

（7）置 $CBA=010$，$U_{IN}=2.5V$ 接至 IN_2，输出允许开关分别为 0 和 1 的情况下，观察 $D_7 \sim D_0$ 的结果有何不同，说明为什么。

（8）断开单次脉冲与"$START$"的连接，并将"EOC"端与"$START$"相连。选择 $IN_0 \sim IN_7$ 中的任一通道，调节 R_W，改变电压 U_{IN}，观察 $D_7 \sim D_0$ 的结果，并用示波器观察"$START$"的波形。

五、实验报告要求

1. 设计并画出实验表格，整理所记录的数据，与理论值比较。
2. 实验步骤 8 中，为什么能够连续转换，其原理是什么？
3. 如果输入模拟电压大于 5V，实验电路如何改变？

六、预习要求及思考题

1. 预习要求

（1）复习模数转换器的结构与工作原理。
（2）查阅模数转换器 ADC0809 的性能指标资料。
（3）预习模数转换器 ADC0809 的使用方法。

2. 思考题

（1）A/D 转换在实际电路中是如何实现的？
（2）A/D 转换在实际生活中有哪些应用？

实验十四　数模转换器（D/A）

一、实验目的

1. 了解转换器的结构与工作原理。
2. 测试数模转换器 DAC0832 的基本特性。
3. 掌握数模转换器 DAC0832 的使用。

二、实验仪器与器材

1. 数字电子技术实验装置一台。
2. 双踪示波器一台。

3. 万用表一只。

4. 元器件：数模转换器 DAC0832 一片、运算放大器 F007 两片、集成门电路 74LS193 一片、电位器 1kΩ 一个、电位器 10kΩ 两个、电阻器若干个。

三、实验原理

数模转换器（D/A）能把数字量信号转换为模拟量信号。D/A 的类型和集成芯片很多。本实验选用 8 位的数模转换器 DAC0832，它的内部结构如图 3-14-1 所示。DAC0832 的主体部分采用倒 T 型电阻网络的 8 位 D/A 转换器，它由倒 T 型 R-2R 电阻网络、模拟开关、运算放大器和参考电压四部分组成，而模拟开关控制标准电源在倒 T 型电阻网络所产生的电流，输入的数字量通过对这两级缓冲器进行控制，可以实现直通、单缓冲、双缓冲三种工作方式。如果控制信号使得两级缓冲器一直处于选通状态，则 DAC0832 工作在直通方式；当输入寄存器、

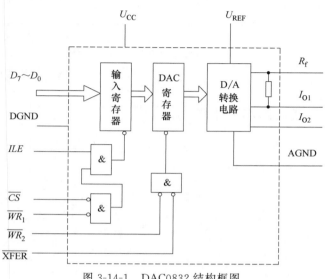

图 3-14-1 DAC0832 结构框图

DAC 寄存器中有一个直接选通，另一个受控制，则它工作在单缓冲方式；当输入寄存器、DAC 寄存器都受控制时，它工作在双缓冲方式。DAC0832 属于电流型输出的 D/A 转换器。这些电流经外部运算放大器实现 I-V 变换输出模拟电压。模拟电压根据不同的外接电路又可分为单极性和双极性。

DAC0832 是 CMOS 工艺，共有 20 个引脚，其引脚排列如图 3-14-2 所示，管脚功能如下。

U_{CC}：电源电压，一般为 $+5V \sim +15V$。

AGND、DGND：分别为模拟和数字地，通常它们连在一起。

$\overline{CS}$：片选信号，低电平有效。

ILE：输入锁存器使能端，与 $\overline{CS}$、$\overline{WR_1}$ 共同控制输入锁存器（第一级缓冲器）。

$\overline{WR_1}$、$\overline{WR_2}$：写控制信号。

$\overline{XFER}$：低电平有效，与 $\overline{WR_2}$ 共同作用控制 DAC 寄存器（第二级缓冲器）。

I_{O1}：模拟电流输出端 1，当输入数字测量全为 1 时，其值最大；当输入数字测量全为 0 时，其值最小。

I_{O2}：模拟电流输出端 2，$I_{O1} + I_{O2} =$ 常数，使用中一般接地。

U_{REF}：参考电压端，其电压范围为 $-10V \sim +10V$。

$D_7 \sim D_0$：8 位数字量输入端，D_7 是最高位。

R_f：外接运放的电阻引出端。

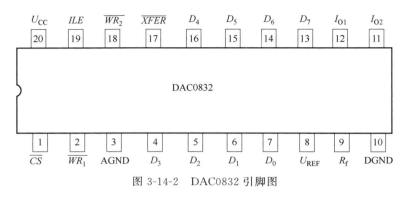

图 3-14-2　DAC0832 引脚图

四、实验内容及步骤

（1）按图 3-14-3 所示接线，但数字信号输入端 $D_7 \sim D_0$ 全部悬空。DAC0832 接成直通方式，单极性电压输出。

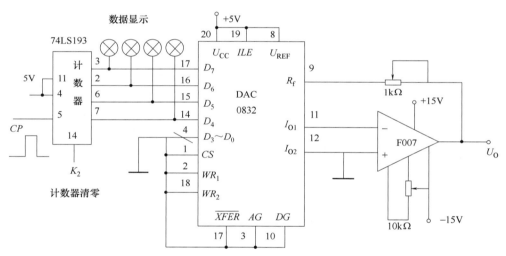

图 3-14-3　DAC0832 单极性输出接法

（2）输入数字信号全为 0 的情况下，调节运算放大器的调零电阻，使输出电压为 0。

（3）输入数字信号全为 1 的情况下，调节反馈电阻 R_F，使输出电压为满量程。

（4）DAC0832 的输入数字信号 $D_0 \sim D_3$ 接地，数字输入端 $D_4 \sim D_7$ 接计数器 74LS193 的输出端，用 K_2 对计数器 74LS193 清零。按动单次脉冲，根据 LED 的显示结果记录数据，用万用表测量输出电压，将结果填入表 3-14-1 中。

（5）计数器 74LS193 的 CP 端接实验箱的连续脉冲，用示波器观察 U_O 的波形。

（6）程控放大器：要求放大器的放大倍数可以数控，至少有 15 档可选。按图 3-14-4 所示设计电路，DAC0832 接成直通方式，单极性电压输出。数字输入 $D_7 \sim D_4$ 接地，$D_3 \sim D_0$ 接逻辑开关 $K_3 \sim K_0$。改变数字输入 $D_3 \sim D_0$ 的组合，用万用表测量并记录输入和输出电压，验证是否满足以下公式：

$$U_O = -(256/D)U_{IN}$$

式中 D 是输入的数字量，U_{IN} 是输入电压，U_O 是输出电压。

表 3-14-1 AD 转换器实验结果

输入数字量				输出模拟电压	
D_7	D_6	D_5	D_4	实测值	理论值
0	0	0	0		
0	0	0	1		
0	0	1	0		
0	1	0	0		
1	0	0	0		
1	1	1	1		

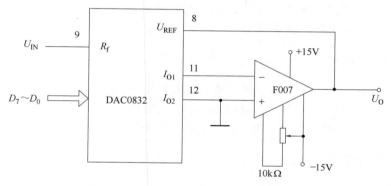

图 3-14-4 DAC0832 实现程控放大器电路

五、实验报告要求

1. 画出实验电路，整理所测得的实验数据。
2. 绘出所测得的电压波形，并进行比较和分析。
3. 分析理论值与实际测量值之间的误差。
4. 如果要求程控放大器的放大倍数为 4、8、16、32，数字量 $D_7 \sim D_0$ 应取何值？

六、预习要求及思考题

1. 预习要求

（1）复习数模转换器的结构与工作原理。

（2）查阅数模转换器 DAC0832 的基本资料。

（3）预习数模转换器 DAC0832 的基本使用方法。

2. 思考题

（1）数模转换在实际电路中是如何实现的？

（2）数模转换在实际生活中有哪些应用？

第四章　实训项目

实训一　简单抢答器电路

一、实训目的

1. 了解集成逻辑门电路的结构特点。
2. 掌握由基本逻辑门电路实现复杂逻辑关系的一般方法。
3. 学会集成门电路的使用及逻辑电平的测量。
4. 建立组合逻辑电路的基本概念。

二、实训设备与器件

1. 实训设备：直流稳压电源、逻辑笔、万用表各一个。
2. 实训器件：74LS04 一片，74LS20 两片，发光二极管四只，5.1kΩ 电阻四个，510Ω 电阻四个，按钮开关四个，面包板一块，导线若干。

三、实训电路与说明

1. 逻辑要求

用基本门电路构成简易型四人抢答器。A、B、C、D 为抢答操作开关。任何一个人先将某一开关按下且保持闭合状态，则与其对应的发光二极管（指示灯）被点亮，表示此人抢答成功；而紧随其后的其他开关再被按下时，与其对应的发光二极管不亮。

2. 电路组成

实训电路如图 4-1-1 所示，电路中标出的 74LS20 为双 4 输入与非门，74LS04 为六非门。

四、实训内容与步骤

1. 检测 IC

用数字集成电路测试仪测试 IC 的好坏。如果 IC 上的字迹模糊，型号显示不清楚，通过自动扫描检测的方式可以检测其型号。

2. 连接线路

在面包板上插接电路，通电前要认真检查线路。注意：IC 芯片电源的正、负端连接是否正确；电源连线是否反接；电路板各管脚之间是否短路。待检查无误后方可通电。

3. 操作与调试

（1）通电后，分别按下 A、B、C、D 各键，观察对应指示灯是否点亮。

（2）当其中某一指示灯点亮时，再按其他键，观察其他指示灯的变化。

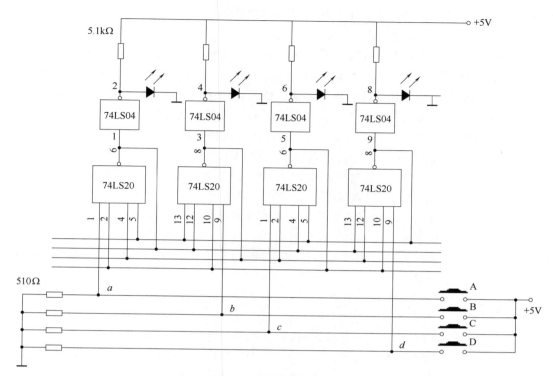

图 4-1-1 简易抢答器电路图

（3）在进行（1）（2）操作步骤时，分别测试 IC 芯片输入、输出管脚的电平变化，并完成表 4-1-1 所示内容。表中，A、B、C、D 表示按键开关，L_1、L_2、L_3、L_4 表示四个指示灯。按键闭合或指示灯亮用"1"表示，开关断开或指示灯灭用"0"表示。

表 4-1-1　　　　　　　　　　　　　　抢答器逻辑状态表

D	C	B	A	L_4	L_3	L_2	L_1

五、实训总结与分析

1. 实训中采用了两种不同信号的数字集成电路。74LS20 可以实现四个输入信号与非的逻辑关系，称为 4 输入与非门。由于内部包含两个完全相同的电路，故称为双 4 输入与非门。74LS04 可以实现非逻辑关系，称为非门，也称为反相器，其内部包含六个非门。

2. 电路中对逻辑事件的"是"与"否"用电路的电平高低来表示。表示逻辑事件的这种电信号只有高、低电平两种状态，故称为开关信号。为简单起见，用"1"和"0"两个符号来表示高低电平。如用"1"表示高电平、"0"表示低电平则称为正逻辑电路，反之称为负逻辑电路。在数字电路中，如采用实训中使用的称为 TTL 的集成器件，高电平一般在（4.3～5）V，低电平在（0～0.7）V。

3. 当输入/输出开关信号的频率很低时，我们可以用万用表或逻辑笔来测量电路中的逻辑关系，分析电路。若输入/输出开关信号频率较高，可用示波器或逻辑分析仪测试并记录信号的波形，再根据波形图分析某一信号的变化规律及在任一时刻各信号间的逻辑关系。本实训电路中的输入信号为手动开关信号，频率很低，所以我们用逻辑笔或万用表来测试输入与输出信号之间的逻辑关系，并用表 4-1-1 直观地表示出来。

4. 有了上面的基本知识，我们可以分析电路的工作过程：初始状态（无开关按下）a、b、c、d 端均为低电平，各与非门的输出端为高电平，反相器的输出则都为低电平（小于 0.7V），因此全部发光二极管不亮。当某一开关被按下后（如开关 A 被按下），则与其连接的与非门的输入端变为高电平，这样该与非门的所有输入端均为高电平，根据与非关系输出端则为低电平，反相器输出为高电平，从而点亮发光二极管。由于该与非门输出端与其他三个与非门的输入端相连，它输出的低电平维持其他三个与非门输出高电平，因此其他发光二极管都不亮。

六、思考题

1. 什么是逻辑门电路？它是怎样实现输入变量与输出变量间逻辑运算的？

2. 逻辑门电路有多少种？在实际应用中我们应该如何选择逻辑门？例如在上述实训电路中能否用其他门电路来实现？不同类型的门电路具有哪些特点？

3. 输入、输出信号间的逻辑关系应该如何描述？共有多少种方法？在不同情况下用哪些方法描述更简捷方便？

4. 按照实际逻辑控制的要求，设计控制电路有哪些步骤？应该如何选择元器件？

实训二   由触发器构成的改进型抢答器

一、实训目的

1. 初步了解触发器的基本功能及特点。
2. 熟悉具有接收、保持、输出功能电路的基本分析方法。
3. 掌握触发器应用电路的分析方法。
4. 建立时序逻辑电路的基本概念。

二、实训设备与器件

1. 实训设备：数字电路测试仪一台，直流稳压电源一台，万用表一只，逻辑笔一支。

2. 实训器件：74LS00 两片，双四输入与非门 74LS20 两片，按键式开关四个，指示灯（发光二极管）三只，510Ω 电阻三个，1kΩ 电阻四个，导线若干。

三、实训电路与说明

实训电路如图 4-2-1 所示。与简单抢答器比较，改进型抢答器电路减少了一个输入端，而在每一个输入端增加了两个与非门（图中 G_4 门～G_9 门）。该电路作为抢答信号的接收、保持和输出的基本电路。S 为手动清零控制开关，S_1～S_3 为抢答按钮开关。该电路功能如下：

（1）开关 S 作为总清零及允许抢答控制开关（可由主持人控制），当开关 S 被按下时抢答电路清零，松开后则允许抢答。输入抢答信号由抢答按钮开关 S_1～S_3 实现。

（2）若有抢答信号输入（开关 S_1～S_3 中的任何一个开关被按下）时，与之对应的指示灯被点亮。此时再按其他任何一个抢答开关均无效，指示灯仍"保持"第一个开关按下时所对应的状态不变。电路中，六个 2 输入与非门采用两个 74LS00，三个 3 输入与非门采用两个 74LS20。

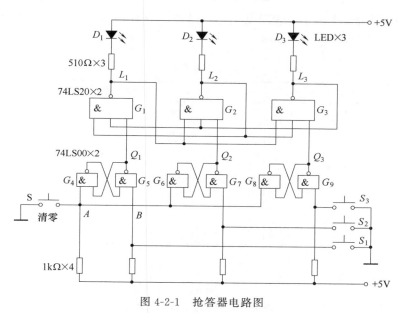

图 4-2-1 抢答器电路图

四、实训内容与步骤

（1）检测与查阅器件。用数字集成电路测试仪检测所用的集成电路。通过查阅集成电路手册，标出图 4-2-1 中各集成电路输入、输出端的引脚编号。

（2）连接电路。按图 4-2-1 所示连接电路。先在实训电路板上插接好 IC 器件。在插接器件时，要注意 IC 芯片的豁口方向（都朝左侧），同时要保证 IC 管脚与插座接触良好，管脚不能弯曲或折断。指示灯的正、负极不能接反。在通电前先用万用表检查各 IC 的电源接线是否正确。

（3）电路调试。首先按抢答器功能进行操作，若电路满足要求，说明电路没有故障。若某些功能不能实现，就要设法查找并排除故障。排除故障可按信息流程的正向（由输入到输出）查找，也可按信息流程逆向（由输出到输入）查找。

例如，当有抢答信号输入时，观察对应指示灯是否点亮，若不亮，可用万用表（逻辑笔）分别测量相关与非门输入、输出端电平状态是否正确，由此检查线路的连接及芯片的好坏。

若抢答开关按下时指示灯亮，松开时又灭掉，说明电路不能保持，此时应检查与非门相互连接是否正确，直至排除全部故障为止。

（4）电路功能试验。

① 按下清零开关 S 后，所有指示灯灭。

② 按下 S_1～S_3 中的任何一个开关（如 S_1），与之对应的指示灯（D_1）应被点亮，此时再按其他开关均无效。

③ 按总清零开关 S，所有指示灯应全部熄灭。

④ 重复②和③步骤，依次检查各指示灯是否被点亮。

（5）电路分析。分析图 4-2-1 实训电路，完成表 4-2-1 所列各项内容。表中：1 表示高电平、开关闭合或指示灯亮；0 表示低电平、开关断开或指示灯灭。如果不能正确分析，可以通过实验检测来完成。

表 4-2-1 抢答器功能表

S	S_3	S_2	S_1	Q_3	Q_2	Q_1	L_3	L_2	L_1
0	0	0	1						
0	0	1	0						
0	1	0	0						
0	0	0	0						
1	0	0	1						
1	0	1	0						
1	1	0	0						
1	0	0	0						

五、实训结论与分析

1. 在实训中，由于电路本身没有保持功能，所以抢答开关必须用手按住不动，指示灯才会点亮，若手松开指示灯就熄灭，这种操作方式十分不便。在本实训中，通过在输入端接入两个首尾交叉连接的双输入与非门解决了这一问题。实验证明，该电路能将输入抢答信号状态"保持"在其输出端不变。比如抢答开关 S_1 按下时，与其连接的与非门 G_5 的输出端 Q_1 变为高电平，使与非门 G_1 输出低电平，指示灯 D_1 点亮；当开关 S_1 松开后，与非门 G_5 的输出状态仍保持高电平不变，指示灯 D_1 仍保持点亮状态。

2. 在图 2-2-1 中，将与非门 G_4、G_5 连接构成的电路既有接收功能又有保持功能。在电路中可将与非门 G_4、G_5 连接构成的电路看成一个专门电路，该电路能接收输入信号并按某种逻辑关系改变输出端状态。在一定条件下，该状态不会发生改变，即"保持"不变。

3. 这类具有接收、保持记忆和输出功能的电路简称为触发器。触发器有多种不同的功能和不同的电路形式。目前，各种触发器大多通过集成电路来实现。对这类集成电路的内部情况我们不必十分关心，因为我们学习数字电子技术基础课程的目的不是设计集成电路的内部电路。学习时，我们只需将集成电路触发器视为一个整体，掌握它所具有的功能、特点等外部特性，使我们能合理选择并正确使用各种集成电路触发器即可。

六、思考题

1. 由双输入与非门构成的保持电路，其输出状态都与哪些因素有关？试写出其功能表。
2. 若改成六路抢答器，电路将做哪些改动？
3. 能否增加其他功能使抢答器更加实用？

实训三 555集成定时器的应用

一、实训目的

1. 通过实验，加深对555集成定时器工作原理的认识，以便进一步开发其应用范围。
2. 通过两个实验内容，培养学生对电子技术课程的兴趣，提高分析和设计电子线路的能力。

二、实训设备与器件

1. 实训设备：数字电路测试仪一台，直流稳压电源一台，万用表一只，逻辑笔一支。
2. 实训器件：555芯片一片，200、2000、10000、100000Ω光敏电阻各一个，$0.022\mu F$、$0.01\mu F$、$10\mu F$、$47\mu F$电容各一个，发光二极管一个，扬声器一个，面包板一块，导线若干。

三、实训电路与说明

时基集成电路（集成定时器）是一种应用十分广泛的模拟－数字混合式集成电路。其最初是为集成电路取代延迟继电器等机械延迟器而研制的，具有定时精度高、温度漂移小、速度快、可直接与数字电路相连、结构简单、功能多、驱动电流较大、有一定的负载能力等优点。人们在应用中发现，它的用途十分广泛，可以组成性能稳定的无稳态振荡器、单稳态触发器、双稳态触发器和各种开关电路。

现在国外的555时基电路产品型号有NE555、LM555、XR555、MC14555、CA555、Ma555、SN52555、LC555等，国内的有5G1555、SL555、FX555等。它们的内部功能结构和管脚序号都相同，可以直接代换。为求叙述方便如下统称555。

1. 声光电子警卫电路

如图4-3-1所示电路中，将555集成电路的强制复位端4脚通过外接细铜丝连接到电源的负极（地），时基电路被强制复位，3脚始终处于低电平，故振荡停止。一旦细铜丝被扯断，555集成块的4脚通过R_7接电源的正极而呈高电平，强制复位即被解除，555集成电路组成的无稳态电路立即起振，扬声器就发出300多赫兹音频响声报警，同时LED也被点亮发光。LED实际上是发出300多赫兹的闪光，由于频率太高和人眼视觉暂留效应，故看上去长亮不闪。

本电子警卫电路可广泛应用，在实际进行防盗保护时可以将漆包线布置在门窗或需要保护的物品上，漆包线两端头接到a、b接线柱上，可改用电池供电，一旦漆包线被拉断，

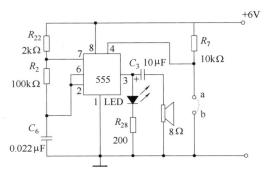

图 4-3-1　声光电子警卫电路

本电路就发出声光报警。还可将它做成超小型报警器，应用在其他地方，如出差行李监护、钱包防盗等。

2. 光控电子鸟电路

光敏电阻的电阻值时随着光照强弱变化而变化，光线越强，电阻值越小。电路中 555 芯片与电阻 R_8、R_G 及电容 C_1 组成无稳态振荡器，振荡频率 $f = \dfrac{1.44}{(R_8 + 2R_G) \cdot C_1}$，显然照在 R_G 上的光线越强，R_G 电阻值越小，振荡频率 f 就越高。使用时将光敏电阻朝上安装，然后用手指在光敏电阻上面轻轻地抖动，以改变投射到光敏电阻 R_G 上的光线强度，只要手指动作掌握得好，扬声器就能模拟出忽高忽低、变幻无穷、非常逼真的多种鸟鸣声。电路如图 4-3-2 所示。

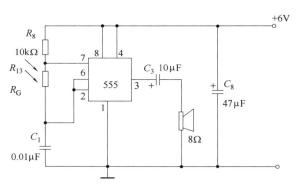

图 4-3-2　光控电子鸟电路

四、实训内容与步骤

1. 按声光电子警卫电路图搭建好电路，观察其现象。
2. 按光控电子鸟电路图搭建好电路，观察其现象。

五、实训结论与分析

555 集成定时器内部电路是由两个电压比较器、一个基本 RS 触发器、三个 5kΩ 电阻组成的分压器、放电三极管和复位端五部分组成。当复位端 R（第 4 脚）为 0 时，基本 RS 触发器置 0；当正常工作时，应将 R 接高电平，此时触发器的状态受两个电压比较器的控制。

当将高触发端（第 6 脚）与低触发端（第 2 脚）相连，外接定时元件电容和电阻后，555 定时器工作于无稳态状态，构成多谐振荡器，不停地振荡，在输出端（第 3 脚）形成一系列矩形脉冲。本实训中的两个例子均是工作于此状态。

另外，555 定时器还可构成施密特触发器、单稳态触发器等，在现代电子技术中有着十分广泛的应用。

六、思考题

1. 555 应用电路中输出脉冲宽度是如何调整的？
2. 图 4-3-1 所示电路为什么在断开 ab 之间的连线后才能报警？
3. 图 4-3-2 所示电路为什么能模拟出忽高忽低的鸟鸣声？

实训四 编/译码及数码显示

一、实训目的

1. 了解编码器、译码器和数码管的逻辑功能。
2. 熟悉 74LS147、74LS48 和数码管各管脚功能。
3. 进一步掌握数字电路逻辑关系的检测方法。

二、实训设备与器件

1. 实训设备：逻辑试电笔、示波器、直流稳压电源、集成电路测试仪。
2. 实训器件：实验电路板、实训三所调试好的抢答器实验板、二-十进制编码器 74LS147、字符译码器 74LS48、共阴极数码管、非门 74LS04 各一块。

三、实训电路与说明

实训电路如图 4-4-1 所示。

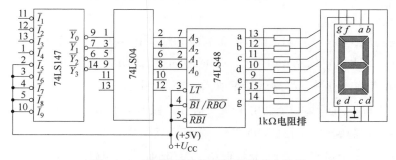

图 4-4-1 编/译码及数码显示实验电路图

四、实训内容与步骤

1. 预习

查集成电路手册，初步了解 74LS147、74LS48 和数码管的功能，确定 74LS147 和 74LS48 的管脚排列，了解各管脚的功能。

2. 连接电路

用集成电路测试仪测试所用集成块，确认完好后，按实验电路图在实验板上安装好实验电路。将实训二中抢答器的指示信号按实训电路所示接到编码器 74LS147 的 $\overline{I}_1$、$\overline{I}_2$、$\overline{I}_3$、$\overline{I}_4$ 输入端（即 11、12、13、1 脚）。检查电路连接，确认无误后再接电源。

3. 电路功能显示

接通电源，分别触按四个抢答器的抢答键，如果电路工作正常，数码管将分别显示抢答成功者的号码。如果没有显示或显示的不是抢答成功者的号码，说明电路有故障，应予以排除。

4. 电路逻辑关系检测

（1）用逻辑试电笔（或示波器）测试抢答器输入到编码器 74LS147 的 $\overline{I}_1$、$\overline{I}_2$、$\overline{I}_3$、$\overline{I}_4$ 输入端的四个信号，其中应有一个信号是低电平，并且观察该低电平信号与数码管显示的数字有什么关系。

（2）当四个输入信号 $\overline{I}_1$、$\overline{I}_2$、$\overline{I}_3$、$\overline{I}_4$ 分别为低电平时，用逻辑试电笔（或示波器）测试 74LS147 的四个输出信号 $\overline{Y}_0$、$\overline{Y}_1$、$\overline{Y}_2$、$\overline{Y}_3$ 的电平并记录于表 4-1-1 中。表中"1"表示高电平，"0"表示低电平。

（3）用同样的方法测试译码器 74LS48 的 7 个输出端 $a \sim g$ 的电平并记录于表 4-4-1 中。观察数码管七个输入端 $a \sim g$ 电平的高低与数码管相应各段的亮灭有什么关系。

表 4-4-1　　　　　　　　　　　　　　电路逻辑关系检测

$\overline{I}_4$	$\overline{I}_3$	$\overline{I}_2$	$\overline{I}_1$	$\overline{Y}_3$ $\overline{Y}_2$ $\overline{Y}_1$ $\overline{Y}_0$	$a\ b\ c\ d\ e\ f\ g$
1	1	1	0		
1	1	0	1		
1	0	1	1		
0	1	1	1		

5. 74LS147 功能试验

（1）编码功能。给一块 74LS147 接通电源和地，在 74LS147 的九个输入端加上输入信号（按表 4-4-2 所示，依次给 $\overline{I}_1 \sim \overline{I}_9$ 加信号），用逻辑试电笔或示波器测试 $\overline{Y}_0$、$\overline{Y}_1$、$\overline{Y}_2$、$\overline{Y}_3$ 四个输出端的电平，将测试结果填入表 4-4-2 中。

如果操作准确，对应每一个低电平输入信号，在编码器输出端 $\overline{Y}_0$、$\overline{Y}_1$、$\overline{Y}_2$、$\overline{Y}_3$ 将得到一组对应的二进制编码（8421BCD 码）。分析测试结果可知，编码输出端 $\overline{Y}_0$、$\overline{Y}_1$、$\overline{Y}_2$、$\overline{Y}_3$ 以反码输出，$\overline{Y}_3$ 为最高位，$\overline{Y}_0$ 为最低位。每组四位二进制代码表示 1 位十进制数。低电平输入为有效信号。若无有效信号输入，即九个输入信号全为"1"，代表输入的十进制数是 0，则输出 $\overline{Y}_3\overline{Y}_2\overline{Y}_1\overline{Y}_0 = 1111$（0 的反码）。

（2）优先编码。如果 74LS147 有两个或两个以上的输入信号同时为低电平，将输出哪一个信号的编码呢？请按表 4-4-3 的输入方式，测试相应的输出编码。表中的"×"既可以表示低电平，也可以表示高电平。

如果测试准确，可以看出，编码器按信号级别高的进行编码，且 $\overline{I}_9$ 状态信号的级别最高，$\overline{I}_1$ 状态信号的级别最低。这就是优先编码功能，因此，74LS147 是一个优先编码器。

表 4-4-2 74LS147 功能试验

输　入									输　出			
$\overline{I}_9$	$\overline{I}_8$	$\overline{I}_7$	$\overline{I}_6$	$\overline{I}_5$	$\overline{I}_4$	$\overline{I}_3$	$\overline{I}_2$	$\overline{I}_1$	$\overline{Y}_3$	$\overline{Y}_2$	$\overline{Y}_1$	$\overline{Y}_0$
1	1	1	1	1	1	1	1	1				
0	1	1	1	1	1	1	1	1				
1	0	1	1	1	1	1	1	1				
1	1	0	1	1	1	1	1	1				
1	1	1	0	1	1	1	1	1				
1	1	1	1	0	1	1	1	1				
1	1	1	1	1	0	1	1	1				
1	1	1	1	1	1	0	1	1				
1	1	1	1	1	1	1	0	1				
1	1	1	1	1	1	1	1	0				

表 4-4-3 优先编码

输　入									输　出			
$\overline{I}_9$	$\overline{I}_8$	$\overline{I}_7$	$\overline{I}_6$	$\overline{I}_5$	$\overline{I}_4$	$\overline{I}_3$	$\overline{I}_2$	$\overline{I}_1$	$\overline{Y}_3$	$\overline{Y}_2$	$\overline{Y}_1$	$\overline{Y}_0$
1	1	1	1	1	1	1	1	1				
0	×	×	×	×	×	×	×	×				
1	0	×	×	×	×	×	×	×				
1	1	0	×	×	×	×	×	×				
1	1	1	0	×	×	×	×	×				
1	1	1	1	0	×	×	×	×				
1	1	1	1	1	0	×	×	×				
1	1	1	1	1	1	0	×	×				
1	1	1	1	1	1	1	0	×				
1	1	1	1	1	1	1	1	0				

6. 数码管功能测试

将共阴极数码管的公共电极接地，分别给输入端 $a \sim g$ 加上高电平，观察数码管的发亮情况（或用万用表的电阻挡×100Ω），记录输入信号与发亮显示段的对应关系。最后给七个输入端都加上高电平，观察数码管的发亮情况。

7. 74LS48 功能试验

（1）译码功能：将 $\overline{LT}$、$\overline{RBI}$、$\overline{BI/RBO}$ 端接高电平，输入十进制数 0～9 的任意一组 8421BCD 码（原码），则输出端 $a \sim g$ 也会得到一组相应的 7 位二进制代码。如果将这组代码输入到数码管，就可以显示出相应的十进制数。

（2）试灯功能。给试灯输入 $\overline{LT}$ 端加低电平，而 $\overline{BI/RBO}$ 端加高电平时，则输出端 $a \sim g$ 均为高电平。若将其输入数码管，则所有的显示段都发亮。此功能可以用于检查数码管的好坏。

（3）灭灯功能。将低电平加于灭灯输入 $\overline{BI/RBO}$ 时，不管其他输入是什么电平，所有输出端都为低电平。将这样的输出信号加至数码管，数码管将不发亮。

（4）动态灭灯功能。$\overline{RBI}$ 为灭零输入信号，其作用是将数码管显示的数字 0 熄灭。当 $\overline{RBI}=0$，且 $\overline{Y_3}\,\overline{Y_2}\,\overline{Y_1}\,\overline{Y_0}=0000$ 时，若 $\overline{LT}=1$，$a\sim g$ 输出为低电平，数码管无显示。利用该灭零端，可熄灭多位显示中不需要的零。不需要灭零时，$\overline{RBI}=1$。

五、实训结论与分析

1. 从步骤 3 的试验可以看出，该实训电路的功能就是可以在数码管上显示出四位抢答者的号码。在该实验中我们只有四个输入信号，如果有十个输入信号，则数码管将可以显示 0～9 十个数字。

2. 分析步骤 4 中第（1）步的测试结果可知，无论哪个输入信号为低电平，数码管将显示该输入端号码。如果所有的输出信号都为高电平，则数码管将显示数字 0。

3. 表 4-4-1 的数据表明 74LS147 是将一个输入信号编成了一组相应的二进制代码，因此称其为编码器。

4. 观察步骤 4 中第（3）步的结果发现，$a\sim g$ 七个信号中哪个信号为高电平，数码管与之相对应的那一段就会发亮。在 74LS48 输入端输入不同的二进制代码时，$a\sim g$ 的输出也不同，数码管将显示不同的数字。$a\sim g$ 的信号电平是按照输入代码对字形的要求输出的，因此称 74LS48 为字符译码器。

六、思考题

1. 什么是编码？编码器的功能是什么？
2. 优先编码是如何实现的？

实训五　分频器的制作

一、实训目的

1. 了解 CD4060 的组成、用途、各管脚意义和使用方法。
2. 加深对二进制计数器 74HC161 的认识，掌握计数器用作分频器的原理和方法。

二、实训设备与器件

1. 实训设备：万用表、直流稳压电源、示波器。
2. 实训器件：CD4060/74HC161 各一片，2.2MΩ 电阻一只，1kΩ 电阻四个，5pF 电容一只，LED 四只，面包板一块，导线若干。

三、实训电路与说明

1. 芯片介绍

（1）CD4060 简介。CD4060 是 CMOS14 级二进制计数/分频/振荡电路，其管脚排列如图 4-5-1 所示。它主要由两部分组成：

一部分是振荡器，由二级非门构成，引出端为 CP_1、CP_0、$\overline{CP_0}$，外接定时元件后，可组成多谐振荡器（见图 4-5-2）。管脚 CP_0 既是多谐振荡器的振荡脉冲输出端，又是后级分频器的输入端。本次实训 RC 元件采用图中所示的参数，在 CP_0 端可获得约 20kHz 的脉冲波。

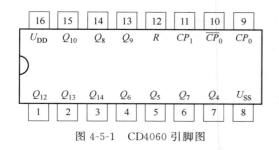

图 4-5-1 CD4060 引脚图

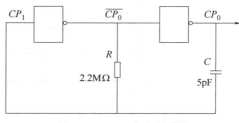

图 4-5-2 RC 多谐振荡器

另一部分是 14 级二分频器。最高分频系数为 16384（2^{14}），最低分频系数为 16（2^4）。且从第 4 级开始到第 14 级，除 Q_{11} 端外每级都有输出端子，典型技术时钟频率可达 12MHz，振荡器最高频率可达 690kHz 以上。

（2）74HC161 简介。74HC161 是 CMOS4 位二进制同步加法计数器，其引脚和功能表分别为图 4-5-3 和表 4-5-1。

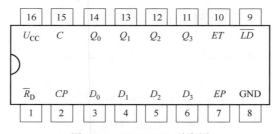

图 4-5-3 74HC161 引脚图

由表中第三行可见，当 $\overline{R_D}$、$\overline{LD}$、ET、EP 均为高电平时，74HC161 处于计数状态，就是对由 CP 端输入的时钟脉冲进行计数。

表 4-5-1 74HC161 功能表

		输		入					输		出	
$\overline{R_D}$	$\overline{LD}$	ET	EP	CP	D_0	D_1	D_2	D_3	Q_3	Q_2	Q_1	Q_0
0	X	X	X	X	X	X	X	X	0	0	0	0
1	0	X	X	↑	d_0	d_1	d_2	d_3	d_0	d_1	d_2	d_3
1	1	1	1	↑	X	X	X	X		计数		
1	1	0	X	X	X	X	X	X		保持		
1	1	X	0	X	X	X	X	X		保持		

时序图如图 4-5-4 所示：

输出状态：由时序图可见，Q_3、Q_2、Q_1、Q_0 从 0000 开始，每个时钟脉冲上升沿变化一次，按 0000→0001→0010→⋯→1110→1111 循环计数，并且 $Q_0 \sim Q_3$ 端输出脉冲的周期分别为时钟的 2 倍、4 倍、8 倍、16 倍，频率分别为时钟频率的 $\frac{1}{2}$、$\frac{1}{4}$、$\frac{1}{8}$、$\frac{1}{16}$，分

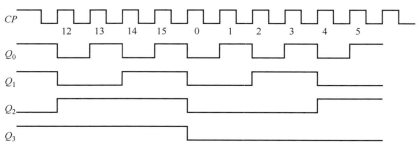

图 4-5-4　计数器时序图

别称为 2、4、8、16 分频。故计数器又可作为分频器使用。

2. 实验电路及说明

（1）实验电路图如图 4-5-5 所示。

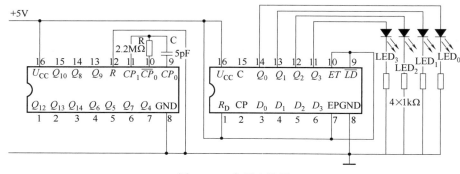

图 4-5-5　实训电路图

（2）电路说明。IC_1 作多频率脉冲信号源使用，其中 Q_4 输出脉冲频率最高，约为 $1250\,\text{Hz}$，Q_{14} 输出脉冲频率最低约为 $1.2\,\text{Hz}$。IC_2 作为分频器，IC_1 某一端输出脉冲从 IC_2 的 CP 端输入。由 $LED_3 \sim LED_0$ 可观察 IC_2 各输出端状态的变化。

四、实训内容与步骤

1. 连接 IC_1 的 Q_4 端和 IC_2 的 CP 端，用示波器 CH1 通道观察 CP 端脉冲（分频器输入信号），用示波器 CH2 通道分别观察 IC_2 的输出端 Q_0、Q_1、Q_2、Q_3 的波形，并绘出这几个波形，同时观察 $LED_0 \sim LED_3$ 的亮灭，记录观察结果。

2. 连接 IC_1 的 Q_{14} 端和 IC_2 的 CP 端，观察 $LED_3 \sim LED_0$ 的亮灭变化，若用"1"表示亮，"0"表示灭，从 0000 开始，用二进制数记录亮灭的循环规律。

五、实训结论与分析

本实训项目由 CD4060 及相应的时基电路产生分频脉冲，74HC161 作 $2^1 \sim 2^4$ 分频器，LED 作分频显示。实训时应先连接好脉冲产生电路，待获得稳定的脉冲后，再完成分频和显示部分的连线。采用这种分级接线并实验的方法，可将接线故障限制在一个小的范围内，便于查找和排除。

六、思考题

1. "步骤1"中能观察到 LED 的亮灭变化吗？为什么？
2. 二进制计数器最低位的分频系数是多少？

实训六　异步计数器的级联

一、实训目的

1. 熟悉由计数器、显示译码器、数码管组成的计数显示器电路。
2. 掌握计数器级联工作原理。
3. 训练状态转换表、转换图画法。

二、实训设备与器件

1. 实训设备：直流稳压电源、信号发生器。
2. 实训器件：74LS90、74LS47 和共阳数码管各三片，1kΩ 电阻三只，面包板两块，导线若干。

三、实训电路与说明

1. 芯片介绍

（1）74LS90 简介。74LS90 可分别构成二、五、十进制计数器，其管脚排列如图 4-6-1 所示，现将有关管脚简单进行介绍。

$R_{0(1)}$、$R_{0(2)}$ 为置 0 输入端，当它们均接 ＋5V 时，将置 Q_D、Q_C、Q_B、Q_A 分别为 0、0、0、0；$S_{9(1)}$、$S_{9(2)}$ 为置 9 输入端，当它们均接 ＋5V 时，将置 Q_D、Q_C、Q_B、Q_A 分别为 1、0、0、1。

当 $R_{0(1)}$、$R_{0(2)}$、$S_{9(1)}$、$S_{9(2)}$ 均接地时，74LS90 工作于计数状态，本实训中就是让它工作在此状态。

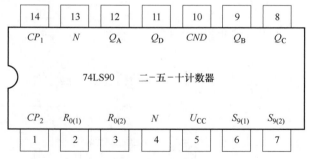

图 4-6-1　74LS90 管脚示意图

CP_1、CP_2 为计数脉冲输入端，如只从 CP_1 输入，为二进制计数器；如只从 CP_2 输入，为五进制计数器；如将 Q_A 与 CP_2 连接，从 CP_1 输入计数脉冲，为十进制计数器，本实训中就是让它工作在十进制计数状态。

（2）74LS47 简介。74LS47 为七段显示译码器，如图 4-6-2 所示，其中 D、C、B、A 分别接至 74LS90 的 Q_D、Q_C、Q_B、Q_A 端；经译码后控制 a、b、c、d、e、f、g 去驱动共阳极数码管，从而实现对应的数码显示，共阳极数码管的管脚排列如图 4-6-3 所示。

LT、BI、RBI 分别为试灯、灭灯、灭 0 输入端，低电平有效，有关它们的详细介绍请查阅相关手册，在本次实训中让它们均接+5V。

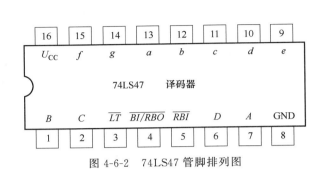

图 4-6-2　74LS47 管脚排列图　　　　　图 4-6-3　共阳极数码管管脚排图

2. 实验电路及说明

（1）实验电路图如图 4-6-4 所示。

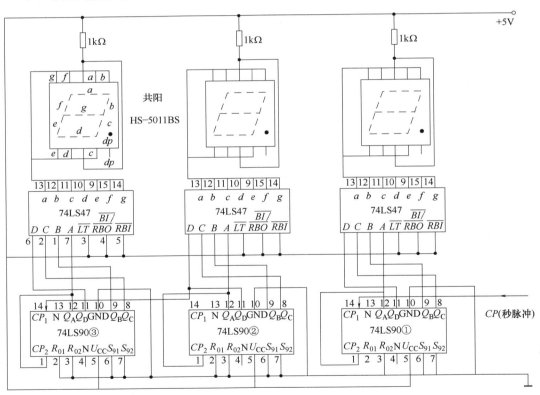

图 4-6-4　实验电路图

（2）电路说明。将信号发生器输出的低频方波信号作为计数脉冲 CP 加入到第一片 74LS90，由第一片 74LS90 输出的 Q_D、Q_C、Q_B、Q_A 经过 74LS47 显示译码器的作用控制第一位数码管显示，每增加一个计数脉冲，数码管显示加"1"，当显示完"9"后，随着第十个计数脉冲的输入，第一位数码管清零；由于第二片 74LS90 的 CP_1 连到第一

74LS90 的 Q_D，每当第十个计数脉冲输入后，Q_D 从 1 跳到 0，正好构成一个脉冲下降沿作为第二片 74LS90 的 CP 脉冲，使得第二位数码管显示加"1"；第三位数码管的工作原理也可依此类推。

此电路的工作结果就是随着计数脉冲的不断输入，三位数码管按照十进制原则不断显示计数脉冲的个数。

四、实训内容与步骤

1. 掌握所用芯片和数码管的管脚功能。

2. 正确连接实训电路，将信号发生器输出方波信号的频率调为最低，幅度适当，仔细观察数码管的显示情况，记录观察结果。

五、实训结论与分析

74LS90 可分别构成二、五、十进制计数器，如将其中 Q_A 与 CP_2 连接，从 CP_1 端输入计数脉冲就构成十进制计数器。本实训中就是让它工作在十进制计数状态，且实训中的重点就是要理解当低位数码管显示完"9"后如何向高位进位的电路连接情况。我们知道，当数码管显示完"9"后，Q_D、Q_C、Q_B、Q_A 的输出为 1001，如将后级的 Q_D 端接入前级的 CP_1 端，那么当第十个计数脉冲输入后，Q_D 从"1"跳到"0"，正好构成一个脉冲下降沿作为前级的 CP 脉冲，使得前级的数码管显示不断加"1"，完成此电路的工作。

在此实训中还需注意，74LS47 显示译码器应驱动共阳数码管，且共阳数码管的公共端需串接适当电阻后才能接入正电源，否则会因流过数码管中每段发光二极管的电流过大而烧坏数码管。

六、思考题

1. 正确列出电路状态转换表、状态转换图，并画出 Q_D、Q_C、Q_B、Q_A 数据输出波形图。

2. 如显示"555"后又从 0 开始重复计数，电路需怎样改动？为什么？

实训七 电子秒表

一、实训目的

1. 学习数字电路中时钟脉冲发生器及计数、译码显示等单元电路的综合应用。

2. 学习电子秒表的调试方法。

二、实训设备与器件

1. 实训设备：直流稳压电源、示波器、万用表、逻辑笔。

2. 实训器件：数码管两个，555 定时器一片，74LS47 两片，74LS90 三片，电阻 100kΩ 一个，1kΩ 两个，电位器 104 一个，电容 0.1μF/0.022μF/0.01μF 各一个。

三、实训电路与说明

如图 4-7-1 所示为电子秒表的电路原理图，按功能分成四个单元电路进行分析。

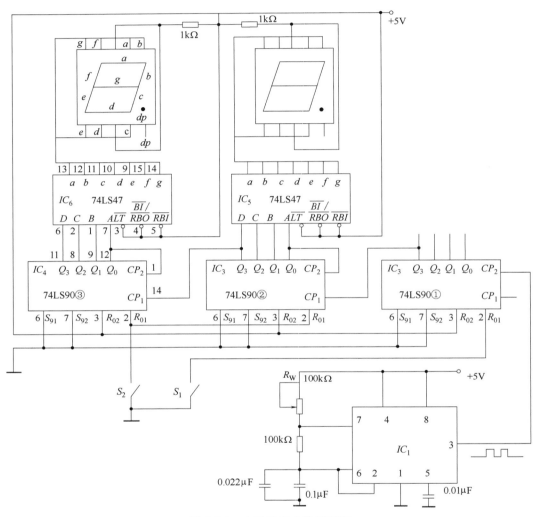

图 4-7-1　电子秒表电路原理图

1. 时钟发生器

IC_1 即 555 定时器构成的多谐振荡器，是一种性能较好的时钟源。调节电位器 R_W，使在输出端 3 获得频率为 50Hz 的矩形波信号。此脉冲信号作为计数脉冲加于计数器①的计数输入端 CP_2。

2. 计数及译码显示

二－五－十进制计数器 74LS90 构成电子秒表的计数单元。其中计数器①接成五进制形式，对频率 50Hz 的时钟脉冲进行五分频，在输出端 Q_3 取得周期为 0.1s 的矩形脉冲，作为计数器②的时钟输入。计数器②及计数器③接成 8421 码十进制形式，其输出端与译码显示单元的相应输入端连接，可显示 0.1~0.9 秒；0~9 秒计时。

表 4-7-1 为 74LS90 的功能表，图 4-7-2 为 74LS90 的引脚排列图，74LS90 有以下三个特殊功能。

表 4-7-1   **74LS90 功能表**

复位/置位输入				输 出				备 注
R_{01}	R_{02}	S_{91}	S_{92}	Q_3	Q_2	Q_1	Q_0	
1	1	0	×	0	0	0	0	
1	1	×	0	0	0	0	0	
×	0	1	1	1	0	0	1	1. $R_{01} \times R_{02} = 1$, $S_{91} \times S_{92} = 0$ 时置 0
0	×	1	1	1	0	0	1	2. $R_{01} \times R_{02} = 0$, $S_{91} \times S_{92} = 1$ 时置 9
×	0	0	×		计数			3. $R_{01} \times R_{02} = 0$, $S_{91} \times S_{92} = 0$ 时允许计数
0	×	×	0		计数			
×	0	×	0		计数			
0	×	0	×		计数			

① 十进制计数（8421 码）。

CP_2 与 Q_0 连接，计数脉冲由 CP_1 输入，Q_0、Q_1、Q_2、Q_3 输出十进制数，Q_3 输出十分频。

② 五进制计数。

计数脉冲由 CP_2 输入，CP_1 悬空，Q_1、Q_2、Q_3 输出五进制数，Q_3 输出五分频。

③ 二进制计数。

计数脉冲由 CP_1 输入，CP_2 悬空，Q_0 输出二分频。

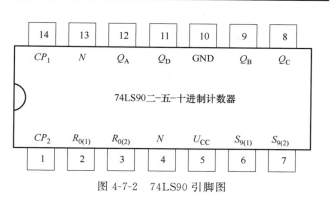

图 4-7-2　74LS90 引脚图

四、实训内容与步骤

由于实验电路中使用器件较多，实验前必须合理安排各器件在实验设备上的位置，使电路逻辑清楚，接线较短。

实验时，应按照实验任务的次序，将各单元电路逐个进行接线和调试，即分别测试时钟发生器及各计数器的逻辑功能，待各单元电路工作正常后，再将有关电路逐级连接起来进行测试，直到测试电子秒表整个电路的功能。这样的测试方法有利于检查和排除故障，保证实验顺利进行。

1. 时钟发生器的测试

按电路图接好线后，用示波器观察输出电压波形并测量其频率，调节 R_w，使输出矩形波频率为 50Hz。

2. 计数器的测试

（1）计数器①接成五进制形式，CP 接单次脉冲源，五分频脉冲由 Q_3 输出，用示波器 CH_1、CH_2 同时观察输入时钟脉冲和五分频输出脉冲。

（2）计数器②及计数器③接成 8421 码十进制形式，Q_0、Q_1、Q_2、Q_3 分别接译码器

A、B、C、D 端，并按表 4-7-1 逐项验证其逻辑功能。

（3）将计数器①、②、③级连，进行逻辑功能测试并记录。

3. 电子秒表的整体测试

各单元电路测试正常后，按图 4-7-1 所示把各单元电路连接起来，进行电子秒表的总体测试。电子秒表应具有两个开关 S_1 和 S_2，分别用导线代替，其相应的功能如下：

（1）当开关 S_1 和 S_2 均闭合时，秒表开始计时；

（2）当开关 S_1 断开 S_2 闭合时，秒表计时停止，数码管显示停止时刻的时间；

（3）当开关 S_2 断开时，秒表清零，数码管显示"00"时间。

4. 电子秒表准确度的测试

利用电子钟或手表的秒计时可以通过调节电位器 R_W 对电子秒表进行校准。

五、实训结论与分析

本实训项目实质上是一个 100 进制秒脉冲计数器，主要由秒脉冲发生器和计数显示器构成，它具有先清零再计数、停止计数和累加计数功能。

本实训成败的关键是秒脉冲的产生和控制，实训时应先完成并调试这部分电路，再分别完成个位、十位秒脉冲计数及显示电路的接线和接入脉冲试验，待个位、十位计数显示正常后，接好级间连线，最后调 R_W 校准。

六、思考题

1. 总结电子秒表整个调试过程。

2. 分析调试中发现的问题及故障排除方法。

第五章　综合实验项目

综合实验一　数字频率计的设计和实验

一、实验目的

1. 掌握数字频率计的组成原理。
2. 掌握数字频率计的设计、组装与调试。
3. 学习集成电路合理选择与使用。

二、实训设备与器件

1. 实训设备：数字电子技术实验装置、双踪示波器、频率计、直流稳压电源、万用表各一台。

2. 实训器件：

晶振（1MHz）一片，数显（LC5011-11）四个，电阻器、电容器、导线若干，施密特触发器（74LS14）一片，D触发器（74LS74）一片，单稳态触发器（74LS123）一片或（74LS121）两片，计数器（74LS90）十片或（74LS390）五片，定时器（7555/555）两片，译码驱动（74LS248）四片，锁存器（74LS373）两片，与门（74LS08）一片，非门（74LS04）一片。

三、设计任务和要求

设计一个 4 位的数字频率计，设计要求如下：

1. 4 位十进制数字显示。

2. 测试范围为 1Hz～100kHz。

3. 闸门时间：1ms、10ms、0.1s、1s，可手动选择。

4. 量程分为四档：×1000，×100，×10，×1。

四、实验原理

在模拟和数字电路实验中，经常要用到数字频率计。数字频率计实际上就是一个脉冲计数器，用来记录 1s 内通过闸门的脉冲个数。通常频率计是由输入整形电路、时钟振荡电路、分频器、量程选择开关、计数器、锁存器和显示器等组成。如图 5-1-1 所示

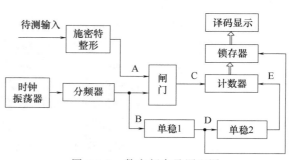

图 5-1-1　数字频率及原理图

为数字频率计的原理框图。

在图 5-1-1 中，由于计数脉冲信号必须为方波信号，所以要用施密特电路对输入波形进行整形，分频器输出的信号必须满足闸门时间要求。例如闸门时间为 1s 时，这个秒脉冲加到与门上，就能检测到待测信号在 1s 内通过与门的个数。脉冲个数由计数器计数，由七段显示器显示频率的单位应为 Hz。又例如闸门时间为 1ms 时，显示频率的单位应该为 kHz。

数字频率计各级的波形图 5-1-2 所示，设待测信号 A 的周期为 T_x，闸门时间为 T。

当门控信号 B 为高电平时，它和被测信号 A 相与后通过闸门，形成计数脉冲信号 C，直到门控信号结束，闸门关闭，计数停止。单稳 1 的输出信号 D 送到锁存器的使能端，锁存器将计数结果锁存，并送到译码显示电路。计数器停止计数后，在单稳 2 的暂态输出 E 的作用下将计数器清零。等到当门控信号 B 再次变为高电平时，开始下一次计数。若在闸门时间 T 内计数器的计数值为 N，则被测频率 f_x 为：

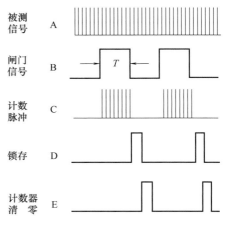

图 5-1-2　数字频率计各级的波形图

$$f_x = N/T$$

为了准确地测量频率，应满足 $T \gg T_x$。

五、设计方案提示

数字频率计的设计可以从以下几个部分进行考虑。

1. 计数、译码、显示电路

这一部分是频率计必不可少的。外部整形后的脉冲，通过计数器在单位时间里进行计数、译码和显示。计数器可选用十进制的中规模（TTL/CMOS）集成计数器，例如选 74LS161、74LS390、74LS90 等。译码显示可采用共阴极或共阳极的配套器件。例如译码器选择 74LS248，显示器可选用数码显示器 LC5011-11。

2. 整形电路

由于待测的信号是多种多样的，有三角波、正弦波、方波等，所以要使计数器准确计数，必须将输入的波形整形。通常采用的是施密特集成触发器，如 74LS14。施密特集成触发器也可以用 555（7555）或其他门电路构成。

3. 分频器与量程选择

分频器一般由计数器实现。晶体振荡器产生 1MHz 的时钟信号，用六个十进制计数器去分频，获得频率为 1MHz、1kHz、100Hz、10Hz 和 1Hz 的时基信号，再经过 2 分频后，可以得到 1s，1ms，10ms，0.1s，1s 等闸门信号。可用旋转开关选择闸门时间。十进制计数器用 74LS160、74LS161、74LSL90、74SL290、74LS390 等均可。

由于输入频率有高有低，所以当测量低频信号时，量程开关选择在 1 或 10 位置上，而测量高频信号时，应设置在 100 或 1000 的位置；在电路处理上，应将闸门时间缩短为 1s、0.1s、10ms、1ms 等。例如当闸门时间为 1ms 时测得的数值，其数显值的单位为 kHz，为 10ms 时测得的频率为数显值×100Hz（或 0.1kHz），依次类推。所以在实验中可选用 1/1000、1/100、1/10、1 四档作为脉冲输入的门控时间，完成量程的选择。

4. 单稳态电路

单稳态电路的作用是保证锁存器只在每次计数结束才锁存显示值，防止显示的闪烁。另一个作用是保证计数器的数值被锁存后再对计数器清零。单稳态电路可选用集成单稳态触发器 74LS121、74LS123，或用 555 构成。锁存器可选用 74LS273 或 74LS373。

5. 选做内容

计数、译码和显示部分可选用中规模集成的和四合一集成块 CL102。也可以用专用大规模频率计数器 ICM7216 芯片设计数字频率计。下面介绍专用八位通用频率计数器 ICM7216 的特点及性能。

ICM7216 是用 CMOS 工艺制造的专用数字集成电路，专用于频率、周期、时间等测量。ICM7216 为 28 管脚，其电源电压为 5V，针对不同的使用条件和用途，ICM7216 有四种类型产品，其中显示方式为共阴极 LED 显示器的为 ICM7216B 型和 ICM7216D 型，而显示方式为共阳极的 LED 显示器的为 ICM7216A 型和 ICM7216C 型。A、C、D 型的管脚排列定义略有区别，但功能一样，使用时参阅有关 ICM7216 产品手册。

六、总结报告

写出设计、实验报告，内容包括电路图、工作原理、实际测量波形、调试分析、测量精度（与标准频率计比较）、结论和体会。并思考：如果要测量周期，电路该怎么改动？

综合实验二　波形发生器的设计和实验

一、实验目的

1. 学习数字电路的综合应用。
2. 熟悉集成芯片的综合使用。
3. 掌握波形产生器的工作原理与设计方法。

二、实训设备与器件

1. 实训设备：数字电子技术实验装置、双踪示波器各一台。
2. 实训器件：计数器（74LS190）两片，EPROM（2716）一片，D/A 转换器（DAC0832）一片，运算放大器（TL082）一个，电阻器、电位器若干个。

三、设计要求

1. 设计四种波形信号发生器，这些波形包括正弦波、三角波、锯齿波和方波。
2. 要求输出量有 8 位的数字量分辨率。
3. 输出波形可选择。
4. 输出波形的幅值和频率可调。

四、实验原理

存储式波形发生器的组成框图如图 5-2-1 所示，时钟源产生计数脉冲，计数器作为地址产生器输出 EPROM 的地址信号，EPROM 存储波形数据。从选中的 EPROM 的某一单元读出的 8 位数字量送往 D/A 转换器，经过 D/A 转换后，以模拟量的形式输出。改变时钟源脉冲的周期，就可以调节输出波形的频率。输出波形的幅值可用一个电位器来调节。

图 5-2-1　波形发生器框图

五、参考电路

波形发生器的参考电路如图 5-2-2 所示，74LS393 是双 4 位二进制同步计数器。它的计数脉冲 CP 可利用实验箱上的连续脉冲。如果要求信号发生器的频率在较大的范围内变化，可以由石英晶体产生较高的频率，然后用一个分频电路产生所需要的 CP 脉冲。波形数据存储可选用紫外线可擦除 EPROM2716、它的容量为 2kB。也可选用其他 EEPROM 或非易失性 RAM。数模转换器 DAC0832 工作在单缓冲方式，采用双极性输出，并可通过输出电位器调节波形的幅度。S_1 和 S_2 为波形开关，当 $S_2 S_1 = 00$、01、10、11 时，分别产生方波、锯齿波、三角波和正弦波。

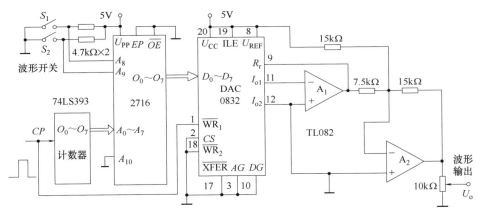

图 5-2-2　多种波形发生器参考电路

六、参考波形数据

1. 方波数据占用 0～FFH 的 256 个存储单元，其中 0～7FH 为 FFH，80H～FFH 为 00H。

2. 锯齿波数据占用 100H～1FFH 的 256 个存储单元，数据从 00H 增加到 FFH，其增量为 01H。

3. 三角波数据占用 200H～2FFH 的 256 个存储单元，其中：200H～27FH 数据从 00H 增加到 FEH，增量为 02H；280H～2FFH 数据从 FEH 递减到 00H，每步减小 02H。

4. 正弦波数据占用 300H～3FFH 的 256 个存储单元，其数据如表 5-2-1 所示。

表 5-2-1　　正弦波数据

300H	80	83	86	89	8D	90	93	96	99	9C	9F	A2	A5	A8	AB	AE
310H	B1	B4	B7	BA	BC	BF	C2	C5	C7	CA	CC	CF	D1	D4	D6	D8
320H	DA	DD	DF	E1	E3	E5	E7	E9	EA	EC	EE	EF	F1	F2	F4	F5
330H	F6	F7	F8	F9	FA	FB	FC	FE	FD	FD	FE	FF	FF	FF	FF	FF
340H	FF	FF	FF	FF	FF	FF	FF	FD	FD	FC	FB	FA	F9	F8	F7	F6
350H	F5	F4	F2	F1	EF	EE	EC	EA	E9	E7	E5	E3	E2	DF	DD	DA
360H	D8	D6	D4	D1	CF	CC	CA	C7	C5	C2	BF	BC	BA	B7	B4	B1
370H	AE	AB	A8	A5	A2	9F	9C	99	96	93	90	8D	89	86	83	80
380H	80	7C	79	76	72	6F	6C	69	66	63	60	5D	5A	57	55	51
390H	4E	EC	E8	E5	43	40	3D	3A	38	35	33	30	2E	2B	29	27
3A0H	25	22	20	1E	1C	1A	18	16	15	13	11	10	0E	0D	0B	0A
3B0H	09	08	07	06	05	04	03	02	02	01	00	00	00	00	00	00
3C0H	00	00	00	00	00	00	01	02	02	03	04	05	06	07	08	09
3D0H	0A	0B	0D	0E	10	11	13	15	16	18	1A	1C	1E	20	22	25
3E0H	27	29	2B	2E	30	33	35	38	3A	3D	40	43	45	48	4C	4E
3F0H	51	55	57	5A	5D	60	63	66	69	6C	6F	72	76	79	7C	80

七、实验报告要求

1. 画出实验的逻辑电路。

2. 记录实验中得到的波形。

3. 总结计数器的计数脉冲的频率与输出波形的关系。

4. 思考：如果要增加输出波形的数目，电路该如何改变？如果要使输出波形更加平滑，电路又该如何改变？

综合实验三　智力竞赛抢答器的设计和实验

一、实验目的

1. 提高数字电路的应用能力。

2. 熟悉集成芯片的综合使用。

3. 掌握智力竞赛抢答器的工作原理和设计方法。

二、实训设备与器件

1. 实训设备：数字电子技术实验装置、双踪示波器、秒表各一台。

2. 实训器件：扬声器一个，数码显示器一个，三极管（3DG12）一个，电阻器、电容器若干个，定时器（NE555）一片，优先编码器（74LS148）一片，译码器（74LS248）一片，锁存器（74LS279）一片，与非门（74LS00）一片。

三、设计要求

1. 设计 8 路智力竞赛抢答器。抢答器应该具有数码锁存功能。能显示优先抢答者的序号，并封锁其他抢答者的序号。

2. 节目主持人可以预置抢答时间为 5s、10s 或 30s，到时报警。

3. 节目主持人可以清除显示和解除报警。

4. 在实验箱上组装、调试抢答器。

四、实验原理

抢答器的组成框图如图 5-3-1 所示，它包括定时与报警电路、门控电路、优先编码电路、锁存和显示等五个部分。当启动控制开关时，定时器开始工作，同时打开门控电路，编码器和锁存器可接受输入。在定时时间内，优先按动抢答键号的组号立即被锁存并显示在 LED 上。与此同时，门控电路封锁编码器；若定时到而无抢答者，定时电路立即关闭门控电路，输出无效，同时发出短暂的报警信号。如图 5-3-2 所示是定时与报警参考电路，当开关 S 打开时，定时器工作，反之电路停止振荡。振荡器的频率约为：

$$f = 1.443/[(R_1 + 2R_2)C]$$

改变电阻或电容的大小，就可以调节抢答时间。例如根据定时要求，可以采用固定电阻加旋转开关的方案，就很容易改变预置时间。

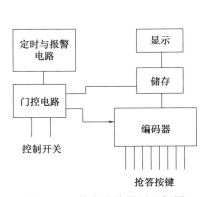

图 5-3-1 数字抢答器原理框图

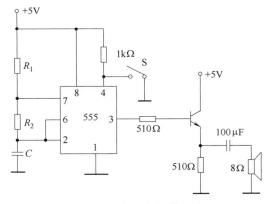

图 5-3-2 定时与报警电路

五、实验参考电路

电路分为两部分，即抢答器部分和定时与报警电路。图 5-3-3 为抢答器部分的参考电路。图中 74LS148 是 8 线—3 线的优先编码器，它的 EN、Y_{EX} 和 Y_S 分别是输入、输出使能端及优先标志端。当开关 S 闭合时，将 RS 型锁存器 74LS279 清零，由于 74LS248 的 BI 为 0，所以 LED 不显示，同时 $EN = 0$，编码器使能，并使得 $Y_{EX} = 0$；开关 S 打开后，74LS279 的 R 端为高电平，但 74LS148 的 EN 仍然保持为 0，抢答开始。如果此后按下任何一个抢答键，编码器输出相应的 421 码，经 RS 触发器锁存，与此同时，编码器的 Y_{EX} 由 0 翻转为 1，使得 $EN = 1$，编码器禁止输入，停止编码。74LS148 的 Y_S 由 1 翻转

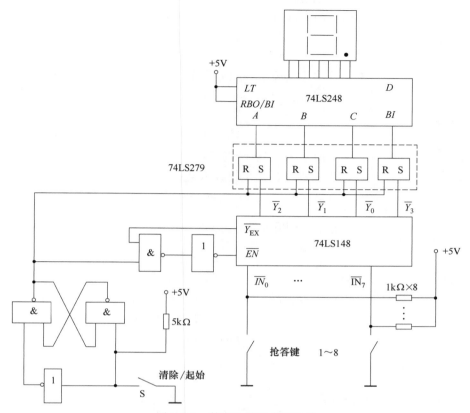

图 5-3-3　数字抢答器参考电路

为 0，致使 74LS248 的 $BI=1$，所以 LED 显示最先按动的抢答键对应的数字。

　　根据给出的实验参考电路，从集成电路手册查出所用集成块的管脚排列图和功能表，并计算出元件参数，画出连线图。注意图 5-3-3 中的两个非门可用与非门实现，这样做可以节省一片集成块。将定时与报警电路、抢答器电路进行联调，使其满足设计要求。

六、总结报告

　　1. 画出实验的原理电路和布线图。

　　2. 列表记录实验中有关的数据。

　　3. 画出实验中实际测量的波形。

　　4. 写出设计报告、实验报告、调试体会。并思考：如何将序号为 0 的组号在 LED 上显示为 8？如果要求定时电路和报警电路分开，电路应该做哪些改变？

综合实验四　数字钟的设计和实验

一、实验目的

　　1. 学习大规模可编程器件的应用。

　　2. 熟悉 PLD 的软件编程。

3．掌握大规模可编程器件的设计方法。

二、实训设备与器件

1．实训设备：数字电子技术实验装置、直流稳压电源、双踪示波器、万用表各1台。
2．实训器件：PC机（带编程电缆）1套，带isp LSI 1016和编程口的实验箱1个。

三、设计要求

1．设计一个数字钟，能对时、分、秒计时。
2．要求用大规模可编程器件CPLD实现设计方案。

3．在实验箱上组装、调试数字钟。

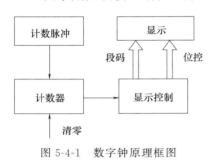

图 5-4-1　数字钟原理框图

四、实验原理

数字钟的功能实际上是对秒信号计数。数字钟结构可分为两部分：计数器和显示器。计数器又可分为秒计数器、分计数器和时计数器。用六个数码管，配以 1kHz 的扫描信号将数字动态显示。图 5-4-1 所示为数字钟的组成框图。

五、实验内容及步骤

（1）数字钟的模块电路如图 5-4-2 所示，如果实验箱上无 2kHz、1kHz 的信号源，可以用 555 定时器产生或从外部的脉冲信号发生器得到。计数器电路如图 5-4-3 所示。

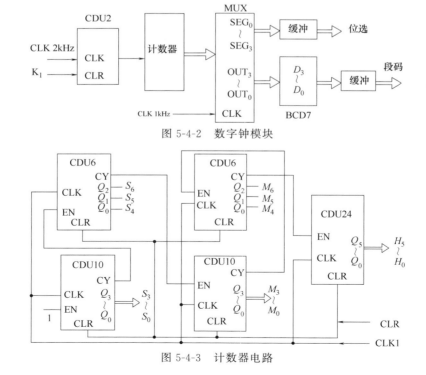

图 5-4-2　数字钟模块

图 5-4-3　计数器电路

（2）在 PC 机上设计并仿真电路。

（3）在 PC 机上生成 JEDEC 文件。

（4）用编程电缆将 PC 机的并行打印口与实验箱连接，把 JEDEC 文件下载到实验箱的 isp LSI 1016 芯片中。

（5）按图 5-4-4 所示连接实验电路，验证数字钟的正确性。

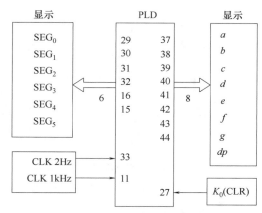

图 5-4-4 数字钟实验连接示意图

六、实验报告要求

1. 画出实验的原理电路和实验的接线图。

2. 画出各层次的电路图。

3. 写出设计、测试和分析的结果。

综合实验五 交通灯设计和实验

一、实验目的

1. 设计并调试一个十字路口的交通灯控制电路。

2. 熟悉集成芯片的综合使用。

3. 进一步掌握数字电子电路的设计、安装、调试的方法。

二、实训设备与器件

1. 实训设备：数字电子技术实验装置、双踪示波器、数字万用表、信号发生器各一台。

2. 实训器件：四 2 输入与非门（74LS00）1 片，四 2 输入或非门（74LS02）1 片，六反相器（74LS04）1 片，三 3 输入与非门（74LS10）1 片，二进制同步计数器（74LS161）1 片，二进制异步计数器（74LS163）2 片，四位双向移位寄存器（74LS194）2 片，二-五-十进制异步计数器（74LS90）1 片。

备注：根据自己设计电路，集成芯片可以增减。

三、设计要求

1. 每个路口有红、绿、黄三种灯，允许通行时绿灯亮，禁止通行时红灯亮。

2. 甲、乙车道两条交叉道路的车辆交替通行，时间各为 25s。

3. 在变换通行车道前，黄灯亮以 1Hz 的频率闪烁 5s。

4. 完成整个电路的联调，并测试其功能。

5. 设计、组装并调试一个十字路口的交通灯控制电路。

四、实验原理

交通灯管理示意图如图 5-5-1 所示，交通干线 A 和 B 的通行在十字路口由交通灯控制。交通灯的切换顺序和时间要求如图 5-5-2 所示。

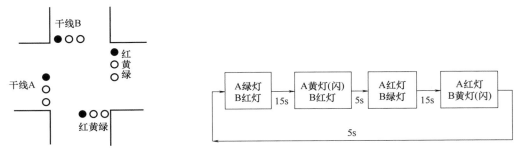

图 5-5-1   交通灯管理示意图   图 5-5-2   交通灯切换示意图

五、参考方案

1. 数字逻辑电路实现

可以用数字逻辑电路实现交通灯控制的模拟。计数器控制时间，用 LED 作为红、绿、黄三种灯。用数码管显示时间。

设置时钟源为 0.2Hz（5s），作为系统时钟。由图 5-5-3 可以看出，每来 12 个时钟脉冲，各信号灯的状态循环一次，因此需设计模 12 的计数器，计数器的输出经译码后，就可以得到各信号灯的控制逻辑。

1Hz 的时钟可以作为计时使用，并 5 分频后提供 0.2Hz 信号。数码管的显示、译码驱动可以由实验箱提供。

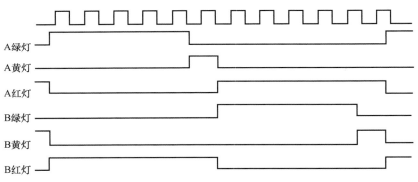

图 5-5-3   交通等运行时序图

2. EDA 实现

应用目前广泛应用的 VHDL 硬件电路描述语言，实现交通灯系统控制器的设计，利用 MAXPLUS II 集成开发环境进行综合、仿真，并下载到 CPLD 可编程逻辑器件中，完成系统的控制作用，具体可以参考 EDA 实验。

六、实验报告要求

按照设计任务设计实验电路，然后在仿真软件上进行仿真实验，正确后在实验板上搭建实验电路，交通灯用发光二极管模拟，观察交通灯的运行是否正常，然后在示波器上观察并记录输入、输出波形，最后一步是撰写实验报告、整理文档，对实验进行总结。

第六章　综合实训项目

综合实训一　密码电子锁

一、实训目的

1. 理解密码电子锁电路的基本原理。
2. 了解电子门铃的基本知识。
3. 进一步熟悉 D 触发器的基本功能。

二、实训设备与器件

1. 实训设备：数字电子技术实验装置、直流稳压电源、双踪示波器、万用表各一台。
2. 实训器件：插件板一块，双 D 触发器 74LS74 两片，六反相器 74HC04 一片，二入四与非门 74LS20 一片，集成门铃 CL9300A 一片，三极管 9013 一个，$8\Omega/0.5\mathrm{W}$ 扬声器一只，无锁按钮开关四只，LED 发光管一只，R_1 为 $10\mathrm{M}\Omega/0.125\mathrm{W}$，$R_2$ 为 $510\Omega/0.125\mathrm{W}$，$R_3$ 为 $1\mathrm{M}\Omega/0.125\mathrm{W}$，$C_1$ 为 $1\mu\mathrm{F}$，C_2 为 $0.1\mu\mathrm{F}$。

三、课题要求与任务

1. 电路能按设定的密码开锁，密码可以自行更换。
2. 兼有电子门铃功能。
3. 完成电路设计、搭接、调试。
4. 编写实训报告。

四、课题概述

密码电子锁，一般是用预先设定的密码，用每个码位去控制触发器翻转，若按错码位则码位触发器不能翻转。密码电子锁一般还兼有电子门铃的功能，现在已有专用的电子密码锁集成器件可供选用。

五、实训电路

用密码去控制各 D 触发器的翻转，达到密码开锁的目的；用按钮开关去控制电子门铃的触发信号，达到按响电子门铃的目的。按此构思，可得实训电路如图 6-1-1 所示。

1. 四位密码锁主体电路

在图 6-1-1 中，四个 D 触发器 $N_1 \sim N_4$ 构成四位密码电路，本电路密码设定为 1469，S_1、S_4、S_6、S_9 分别是 1、4、6、9 四位密码的按钮端；平时四个 D 触发器的 CP 端皆悬空，相当于 1 状态，触发器保持原状态不变。

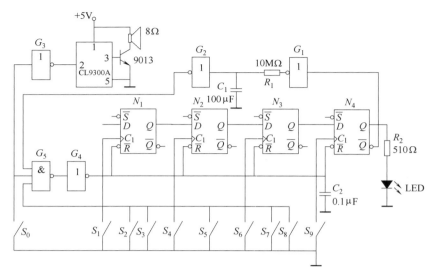

图 6-1-1　密码电子锁电路图

当按下 S_1 时，CP_1 为低电平，松手后 S_1 自动恢复高电平，CP_1 获上升沿，此时 $Q_1=D_1=1$；

再按下 S_4 时，CP_2 为低电平，松手后 S_4 自动恢复高电平，CP_2 获上升沿，此时 $Q_2=D_2=Q_1=1$；

同理，按下 S_6 并松手后，$Q_3=D_3=Q_2=1$；按下 S_9 并松手后，$Q_4=D_4=Q_3=1$，用此 $Q_4=1$ 去控制开锁机构即可。此处用 R_2 和 LED 显示来代替开锁机构开锁。

2. 置零与电子门铃控制电路

图 6-1-1 中，C_2 因电压不能突变，在接通电源瞬间 C_2 电压为零使 $N_1\sim N_4$ 各位皆为零。

S_0 既用于四个 D 触发器直接置零，又用于控制电子门铃 CL9300A 的触发端。当 $S_0=0$ 时，通过 G_5、G_4 使 $N_1\sim N_4$ 直接置零；同时，通过 G_3 使 CL9300A 的触发端获高电平而起振，发出门铃声。

3. 延时电路

开锁时，$\overline{Q_4}=0$，$G_1=1$，经 R_1、C_1 延时后，$G_2=0$，$G_5=1$，$G_4=0$，使 $N_1\sim N_4$ 为零，结束开锁状态。

六、电路调试

1. 电子门铃调试

电路搭接好后，先按下 S_0 并立即松手，电子门铃应正常工作。

2. 开锁调试

依 S_1、S_4、S_6、S_9 的顺序去按密码，按完后 LED 应发亮，发亮时间长短可通过改变 R_1C_1 参数来调整。

3. 改变密码

将 $N_1\sim N_4$ 的 CP 端改接到重新设置的码位端，即可实现改变开锁密码。

七、思考题

1. 若 R_1 阻值不变，G_1、G_2 用 TTL（如 74LS04），是否可行？为什么？
2. G_3 用的是 74HC04 中的一个门，它输入端的电阻 R_3 的作用是什么？
3. 若将音乐片 CL9300A 和三极管及扬声器均去掉，用一个直流蜂鸣器代替，应如何接？

综合实训二　数　字　钟

一、实训目的

1. 熟悉数字钟电路的组成及工作原理。
2. 了解数字钟电路时间校准过程。
3. 熟悉秒信号产生、计数、译码和显示器件的应用。

二、实训设备与器件

1. 实训设备：数字电子技术实验装置、直流稳压电源、双踪示波器、万用表各 1 台。
2. 实训器件：十进制计数器 74LS90 七块，译码器 74LS47 六块，共阳数码管六只，二入四或非门 74LS02 一块，二入四与门 74LS08 两块，晶体 32K768 一个，R_T 为 2.2MΩ/0.125W，C_1 为 100pF 电容，C_2 为 5/30pF 半可调电容，$R_1 \sim R_6$ 为 330Ω/0.125W，$R_7 \sim R_9$ 为 1kΩ/0.125W，开关三个。

三、课题要求与任务

1. 数字钟能显示秒、分、时。
2. 时显示采用 24h 制，具有时间校准功能。
3. 用数字集成器件完成电路设计、搭接、调试。
4. 写出实训报告。

四、课题概述

数字钟一般采用专用的数字钟集成块，此类数字钟集成块不但能显示秒、分、时，有的还能显示日期和星期，有的还具有多种方式的报时功能。它是将秒信号产生器、分频器、计数电路、译码电路以及扫描方式工作而设置的多路选择电路、显示顺序脉冲分配电路等，都集成在一块芯片上。使用时，只需将一个 32768 晶体焊上去，再将 6 位液晶显示板接上，接通电源就可工作，所以其功耗极低，价格也低廉。

本课题为了解数字钟电路的组成，熟悉有关集成器件的应用，故采用数字集成器件来实现较为简单的数字钟电路。

数字钟电路的基本组成包括秒信号产生电路，秒、分、时的计数、译码、显示电路，还有时间较准电路。

五、实训电路

按数字钟电路的基本组成和本课题的要求，可得数字钟原理电路如图 6-2-1 所示。

1. 秒信号产生电路

秒信号产生电路是用来产生时间标准的电路。时间标准信号的准确度与稳定性，直接关系到数字钟计时的准确度与稳定性。所以秒信号产生电路多采用晶体振荡器以获得频率较高的高频信号，再经过若干次分频后获得每秒钟一次的秒信号。

本课题采用集成 14 级 2 分频器 CD4060 中的两个非门和钟表专用晶体 32768（H_z）及电阻 R_T 电容 C_1、C_2（C_2 用来调整走时的快慢）组成振荡电路，产生 32768Hz 的信号，经过 CD4060 内部电路的 14 级分频，从其 Q_{14} 端输出每秒 2Hz 的信号，再经过 74LS90 的 2 分频，获得每秒 1Hz 的秒信号，加给秒计数电路。

2. 秒、分、时的计数、译码和显示电路

秒、分、时计数电路，各采用两块 74LS90 十进制计数器级联，利用反馈归零的办法，各自分别接成 60 进制、60 进制、24 进制电路。例如秒计数的 N_1，接成 10 进制计数作秒个位，其左边的 N_2 接成 6 进制计数，用反馈归零的办法级联，构成 60 进制的秒计数电路。分计数电路的 N_3、N_4 接法与秒计数电路相同。时计数电路的 N_5、N_6 级联，构成 24 进制的时计数电路。

译码器采用 74LS47，与之配套的显示器件采用共阳数码管。数码管的分个位和时个位的小数点常亮，以分隔秒与分、分与时的位置。

3. 时间校准电路

数字钟的时间校准办法有"等待校时"和"加速校时"两种类型。

（1）等待校时：对秒信号的校准，一般采用等待校时法。所谓等待校时，是用秒校时开关将秒计数电路输入的秒信号切断，使秒显示停留在原来所显示的秒状态不动，等待着当此种显示与标准时间秒显示相同时，立即恢复秒计数电路输入的秒信号，完成秒显示的校准任务。

图 6-2-1 中，用与门 G_4 和开关 S_1 实现等待秒校准。正常工作时，S_1 接 +5V 电源，此时 G_4 的输出就决定于秒信号；当要校准秒显示时，将 S_1 接地，使 G_4 关闭，秒信号不能通过 G_4，等待着当标准时间秒与秒的显示一致时，立即将 S_1 投向 +5V 电源，秒显示又随秒信号而变化，完成秒显示的校准任务。

（2）加速校时：校分、校时一般采用加速校时法。所谓加速校时，就是将秒信号直接加到分计数或时计数电路的输入端，使分或时的显示变化极快，当分或时的显示变化到所需的钟点时，立即切断校时电路，使分或时的计数重新受秒或分计数电路输出的控制，完成时校时任务。

图 6-2-1 中，分校准电路用 G_5、G_7 和开关 S_2 构成分加速校时电路。平时 S_2 打开，G_5 一个输入端通过 R_8 接地，G_5 关闭，G_7 输出就只与由 G_1 来的秒进位信号决定。当需要校分显示时，将 S_2 投向 +5V，G_5 打开，此时秒信号直接通过 G_5 加于 G_7 的输入端，再经过 G_7 加于分个位计数电路的输入端，使分显示直接随秒信号而快速变化。当分显示与标准时间一致时，立即将 S_2 打开，关闭 G_5 的输入，分计数电路又回到只随从秒计数电路来的进位信号而变化，完成分显示的校准任务。

图 6-2-1 中，时校准电路由 G_6、G_8 和开关 S_3 组成，其电路结构和校时方法与分校准电路完全相同。

有的数字钟（表）是通过三个按键开关来校时的。即第一个开关将所有进位信号全

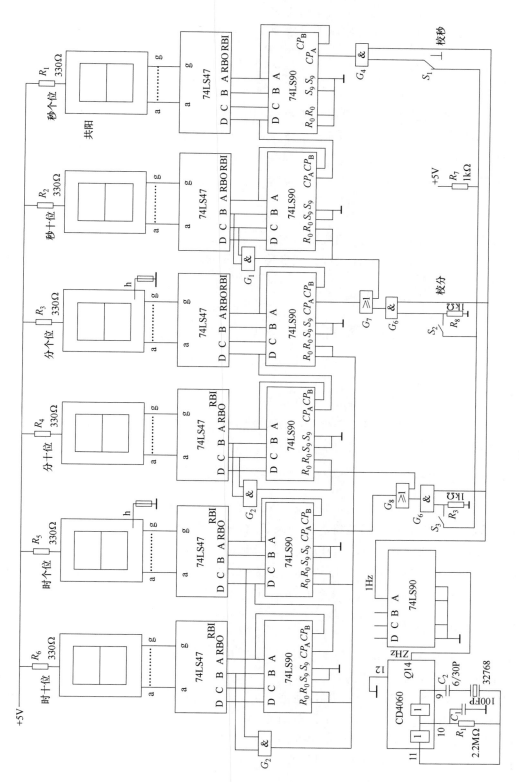

图 6-2-1　数字钟原理电路

部断开，第二个开关将点动脉冲分别加到要加的秒、分、时、星期或年份等处，第三个开关用点动脉冲每按一下加一个计数脉冲。这种校时方式比较慢，如要从 1 分调到 59 分要按 59 下才能完成。

六、电路调试

调试时应先调试秒信号产生电路，微调 C_2 电容量，使 CD4060 的 Q_4 端有 2048Hz 的信号；取得标准的秒信号后，再调试秒、分、时的计数、译码和显示电路，最后调试时间校准电路。要注意校准时间时应先校秒，再校分，最后校时，否则校准了的时显示，又会在校分显示时被打乱。

七、思考题

1. 若时计数采用 12h 制，电路应如何改接？

2. 若秒个位、秒十位显示均去掉，代之用一个发光二极管每秒钟闪烁一次表示秒显示，电路应如何改接？

综合实训三　多模式彩灯显示

一、实训目的

1. 熟悉左移、右移移位寄存器的灵活应用。

2. 掌握方波产生、电位延时与保持和分频电路的工作原理。

3. 理解多模式彩灯显示器的时序控制方法。

二、实训设备与器件

1. 实训设备：数字电子技术实验装置、双踪示波器、直流稳压电源、万用表各一台

2. 实训器件：74LS194 移位寄存器一块，74LS74 双 D 触发器三块，或非门 74LS02 一块，六反相器 74LS04 一块，CD4060 振荡分频器一块，R_1 为 $10k\Omega/0.125W$，R_2 为 $220\Omega/0.125W$，R_3 为 $15k\Omega/0.125W$，R_4 为 $2.2M\Omega/0.125W$，$R_5 \sim R_8$ 为 $510\Omega/0.125W$，R_9 为 $1k\Omega/0.125W$，C_1 为 $4.7\mu F$，C_2 为 5PF。

三、课题要求与任务

1. 开机时自动进入初态 0，彩灯全灭；4 秒后进入规定模式的循环运行。

2. 四种彩灯循环显示顺序为：

（1）红、绿、蓝、黄依次亮，间隔时间为 1s。

（2）黄、蓝、绿、红依次灭，间隔时间为 1s。

（3）红、绿、蓝、黄同时亮，间隔时间为 1s。

（4）红、绿、蓝、黄同时灭，间隔时间为 1s。

完成一个循环周期共 12s。

四、课题概述

彩灯显示控制电路，有多种专用的彩灯控制集成电路，使用起来非常方便。本课题为对彩灯控制电路的组成、有关集成块的使用方法等有所理解，所以采用常规集成器件来完成电路设计。

彩灯控制电路，一般有秒信号产生电路、移位寄存器、脉冲分配器、数据选择器等电路，再根据彩灯显示方式的不同，将它们有序组合起来，就成为一个完整的彩灯控制电路。

五、实训电路

本次实训所用的彩灯显示控制电路如图 6-3-1 所示，包括 CD4060 和 R_4、C_2 构成秒信号产生器、74LS194 移位寄存器、N_4N_5 构成的 4 分频器、$N_1N_2N_3$ 构成的移位型控制器、$R_1R_2C_1$ 开机延时电路及 $G_1G_2R_3$ 电平保持电路等组成。

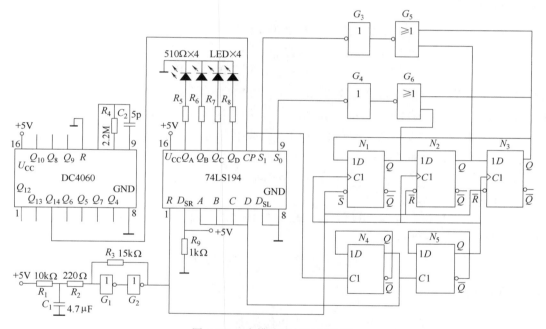

图 6-3-1 多模式彩灯显示电路

CD4060 和 R_4、C_2 构成的 RC 方波振荡电路，经 14 级分频后获得秒信号，加给移位寄存器和 4 分频器作 CP 脉冲使用。

N_4N_5 构成的 4 分频器，其 Q_5 端输出周期为 4s 的脉冲信号，加给移位型控制器 $N_1N_2N_3$ 的 CP 端作 CP 脉冲使用；同时从 Q_4 端输出周期为 2s 的脉冲加给移位寄存器的并行数据输入端 $ABCD$ 作并行输入数据使用。

$N_1N_2N_3$ 构成的移位型控制器，其输出状态 $Q_1Q_2Q_3$ 按 100→010→001 状态往复循环。

根据 74LS194 移位寄存器的基本功能，其右移输入端 $D_{SR}=1$，在 $M_1M_0=01$ 时可以右移；其左移输入端 $D_{SL}=0$，在 $M_1M_0=10$ 时可以左移；在 $M_1M_0=11$ 时可以并行置数。本电路正是如此接法。

开机时，C_1 上的电压不能突变，其低电平使 74LS194 置零、移位型控制器 $Q_1Q_2Q_3$ 置 100。开机几秒后，C_1 上的电压充为高电平，此后开机电路不再影响移位寄存器和移位型控制器。

开机初工作后，因 $Q_1Q_2Q_3=100$，通过 $G_3 \sim G_5$ 使移位寄存器的 $M_1M_0=01$，执行右移任务；

过 4 秒钟以后，$Q_1Q_2Q_3=010$，通过 $G_3 \sim G_5$ 使移位寄存器的 $M_1M_0=10$，执行左移任务；

又过 4 秒钟后，$Q_1Q_2Q_3=001$，通过 $G_3 \sim G_5$ 使移位寄存器的 $M_1M_0=11$，执行置数任务，将 Q_4 的状态通过移位寄存器的 $ABCD$ 置数端置入移位寄存器。这样一来，此彩灯显示控制电路将按课题要求而循环显示。

六、电路调试

本题的逻辑性较强，在器件完好接线又无误的情况下，一般可以一次性开机成功。在开机不成功时，可按如下顺序检查排除故障。

首先，用示波器去检测 CD4060 的输出秒信号，观察在其 3 端是否有每秒钟跳动一次的秒信号，秒信号的快慢可通过改变 R_4、C_2 的参数来实现（为便于观察和调配准 R_4、C_2 的参数，可观察 CD4060 的 Q_4 端的信号，其频率应为 1024Hz）。

其次，检查 D 触发器 N_4、N_5 组成的 4 分频器的 Q_4、Q_5 端的信号，它们与秒信号各为 2 分频和 4 分频的关系。

再次，检查 N_1、N_2、N_3 组成的移位型控制器，其 $Q_1Q_2Q_3$ 的移位关系是否按 100→010→001 状态往复循环。

最后，检查移位寄存器，观察红、绿、蓝、黄灯的显示是否符合要求，即其右移、左移及并行置数是否正常。

至于开机延时的长短，可通过改变 R_1、C_1 的参数去调整。

七、思考题

1. 若 D 触发器采用 74HC74，电路应作何处理？

2. 若 G_3、G_4、G_5、G_6 采用同一集成块时，G_3、G_4 应作何处理？

3. 若四个 LED 发光管各改成一串灯泡，还应增加什么电路？

综合实训四 袖珍逻辑分析仪

一、实训目的

1. 了解在一个屏幕上同时显示多路信号的基本方法。

2. 了解交流信号与直流分量的叠加原理。

3. 理解袖珍逻辑分析仪的基本组成及其工作原理。

二、实训设备与器件

1. 实训设备：数字电子技术实验装置、双踪示波器、方波信号源、直流稳压电源、万用表各一台。

2. 实训器件：带振荡的 14 级分频器 CD4060 一片，十进制计数/分配器 CD4017 一片，四路模拟开关 CD4066 一片，$R_T = 2.2M\Omega$，$C_T = 5PF$，$C_1 \sim C_4$ 为 $4.7\mu F$，$R_1 = 18k\Omega$，$R_2 = 27k\Omega$，$R_3 = 33k\Omega$，$R_4 = 39k\Omega$；$R_{P1} \sim R_{P4}$ 为 $10k\Omega$ 电位器。

三、课题要求与任务

1. 用单踪示波器可以同时观察 4 路信号。
2. 分析仪本身具有 5 路 8421 码标准自校信号输出。
3. 整机电路简单、成本低，可作普通示波器观察多路信号的附加装置使用。
4. 完成电路搭接、调试。
5. 写出实训报告。

四、课题概述

在一个屏幕上同时显示多路信号，目前有两种专用仪器：一种是直接采用多踪示波器；另一种是采用专用逻辑分析仪。这两种仪器价格都很昂贵。本课题提出的袖珍逻辑分析仪，解决了用单踪示波器可以同时观察多路信号的问题，即用简易的办法，实现多路信号的适时处理，为数字电路实验带来了极大的便利。

在同一屏幕上同时显示多路信号，可以将这些多路信号波形通过多路电子模拟开关，一路一路地依次加入单踪示波器，使其显示 A 路后马上显示 B 路，再显示 C 路等。当这种分别显示单个波形的转换速度极快时，利用示波管的余辉和人们视觉的残留，人们在示波器上观察到的还是同时显示的、连续的多路波形。

五、实训电路

由以上分析可得出，本袖珍逻辑分析仪应包括：时钟脉冲与多路标准信号产生器、多路脉冲分配器、多路电子模拟开关、直流叠加电路等。如图 6-4-1 所示就是本课题的实训电路原理图。

1. 时钟脉冲与多路标准信号产生器

图 6-4-1 中的 CD4060 用来产生多路标准信号，其振荡频率由 R_T 和 C_T 的值决定。由图中 R_T 和 C_T 的参数，若从其 $Q_5 Q_6 Q_7 Q_8$ 输出四路标准信号，则 Q_5 端输出的第一路方波信号频率约 1.1kHz。

若采用本电路的四路标准信号作波形显示使用，则 CD4017 的 CP 脉冲应另外使用方波信号产生器输出的方波，方波频率为 200～300kHz，幅值约 10V 的方波作 CP 脉冲使用，波形显示才比较稳定。

若观察的是四路外来的信号，其信号频率又远低于本电路中 CD4060 的 Q_4 端的信号频率，则此 Q_4 端的方波脉冲可直接作 CD4017 的 CP 脉冲使用。

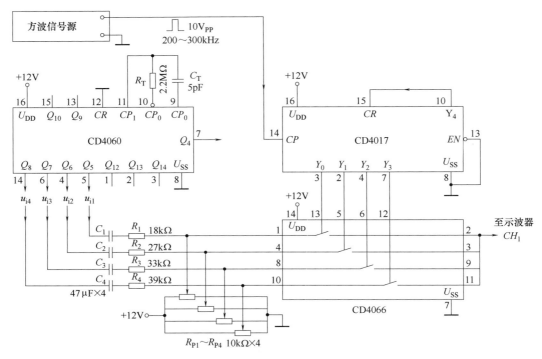

图 6-4-1　袖珍逻辑分析仪原理电路

2. 多路脉冲分配器

多路脉冲分配器是使多路电子开关一路一路地依次接通的最佳搭档电路。图 6-4-1 中的 CD4017 是十进制计数/分配器，本电路只有四路信号，只用其 $Y_0 \sim Y_3$ 输出去控制电子开关的通与断。为使 CD4017 循环工作，将其 Y_4 端输出加给自己的 CR 清零端。CD4017 的工作波形如图 6-4-2 所示。

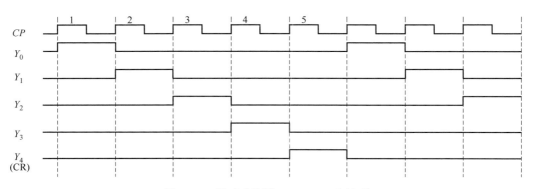

图 6-4-2　脉冲分配器 CD4017 工作波形

3. 多路电子模拟开关

本题的多路电子模拟开关采用 CD4066 四位双向模拟开关，其 13、5、6、12 管脚分别是 1~4 路电子开关的控制端，此处用其 1、4、8、10 管脚作为输入端，其 2、3、9、11 管脚是四路开关的输出端。CD4066 和 CD4017 管脚排列如图 6-4-3 所示。

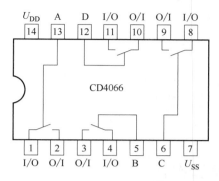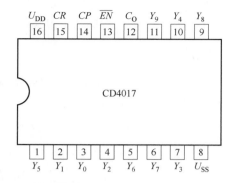

图 6-4-3　CD4066 及 CD4017 管脚排列

4. 直流叠加电路

为使四路信号在示波器屏幕上不相互重叠，每路信号之间应有一定的直流电位之差。本题中采用 $R_{P1} \sim R_{P4}$ 和 $R_1 \sim R_4$ 相配合，使每路信号加给示波器之前都叠加有不同的直流成分，用来隔开和调整四路信号波形在示波器屏幕上显示的上下位置。

六、电路调试

1. 时钟脉冲与多路标准信号产生器的调试

在检查各级电路插接无误的情况下，首先要对 CD4060 的振荡信号及其各分频后的输出信号进行检查调试。

调试时用示波器观察 CD4060 的 Q_4 端（即其第 7 管脚）应有振荡后的首次输出分频波形，也可直接观察 CD4060 的 9、10 管脚的振荡波形。若无振荡，应检查其电源是否接好；其 12 管脚的清零端是否可靠接地；其振荡电阻 R_T、振荡电容 C_T 是否接好或选配是否恰当等。

有振荡波形后，再分别观察 CD4060 的 $Q_4 \sim Q_{14}$ 的输出波形。

2. 电路的联合调试

将 CD4060 的 $Q_5 \sim Q_8$ 端的四路输出信号分别加给 $U_{i1} \sim U_{i4}$ 作四路待观察的信号。

用另一台信号产生器，将其输出的频率 $200 \sim 300 \mathrm{kHz}$、幅值约 10V 的方波信号加给 CD4017 的第 14 管脚作其 CP 脉冲使用。

将 CD4066 的输出加给示波器的一个信号输入通道，调整示波器使其屏幕上出现波形，再分别调整 $R_{P1} \sim R_{P4}$，使屏幕上显示的四路波形之间拉开一定的距离，以便于观察四路波形之间的逻辑关系。

由以上原理可知，此电路的扫描是每次只扫描每个波形的一小段，依次扫描完四个波形的该小段后，再回过头来扫描下一小段，直至扫描完一个画面，再重复上述扫描过程。这样一来，为使波形稳定、清晰，调试时可取图 6-4-1 中的 Q_7 或 Q_6 信号加入示波器的第二信号通道 CH2 插口，并置 CH2 信号去作触发信号源（按 SOURCE 按钮选中 CH2），这样，每个波形扫描起点都相同，显示波形就比较稳定、清晰。也可将 Q_7 或 Q_6 信号加入外触发输入 EXT 端，并按 SOURCE 按钮选中 EXT 去触发，也能使显示波形比较稳定、清晰。

当观察的是外来的另外四路信号时，用于 CD4017 的扫描 CP 脉冲的频率，必须远高于被观察信号的频率，否则波形显示不清晰也不稳定。

七、思考题

1. 若要同时观察八路波形，CD4017 应如何连接？此时模拟开关应选几路的？
2. 为什么要求 CD4017 的 CP 扫描脉冲信号频率要远比被测信号的频率高？
3. 若要对四路信号的幅值能分别调整，那么图 6-4-1 还应增加什么元件？

综合实训五　数字频率计

一、实训目的

1. 熟悉频率计电路的基本结构。
2. 了解将非电量转换成电量后用"频率"计量的方法。
3. 熟悉计数/译码/锁存/驱动一体化器件的应用。

二、实训设备与器件

1. 实训设备：数字电子技术实验装置、双踪示波器、直流稳压电源、万用表各一台。
2. 实训器件：计数/锁存/译码/驱动器 CD40110 四块，共阴数码管四个，CD4060、74LS10、74LS14、74LS390 各一块；$C_1 = 86PF$，$C_T = 20PF$，$R_T = 2.2M\Omega$，$R_1 \sim R_4$ 为 510Ω。

三、实训要求与任务

1. 频率范围为 $1 \sim 999.9kHz$，分三档：
(1) $\times 1$ 挡为 $1 \sim 9999Hz$；
(2) $\times 10$ 挡为 $10 \sim 99.99kHz$；
(3) $\times 100$ 挡为 $100 \sim 999.9kHz$。
2. 能测试幅度大于 $2V$ 的方波、三角波、尖峰波和正弦波。
3. 具有供自校准用的标准频率信号输出。
4. 电路简单、成本低廉、元器件来源广泛。
5. 完成电路设计、搭接和调试。
6. 写出实训报告。

四、课题概述

频率计是用来测量各种信号频率的一种装置，一般要求它能直接测量方波、三角波、尖峰波、正弦波等各种电信号的频率。对于一些非电量"频率"的测量，如电动机的转速、行驶中车轮转动的速度、自动流水生产线上单位时间内传送装配零件的个数等，通过一定的传感器，如光电传感器，将这些非电量的"频率"转换成电信号的频率，再用频率计显示出来。不过，此时计量"频率"的装置一般不叫作频率计，而叫作转速表、里程计、计数器等之类的专用名词，但其实质仍是一个频率计。

本课题所设计制作的频率计属于简易型的，但通过本装置的设计，可以领略此类装置的基本工作原理和电路的设计方法。

五、实训电路

数字频率计是要计量电信号每秒钟出现的个数，即电信号的频率，因此，对被测电信号要每秒钟、每秒钟不断地进行取样、计数、存储，并用数码管及时地显示出来，就能完成频率计数任务。完成上述任务，最基本的电路应该由如下几个部分组成。图 6-5-1 所示是本次实训的原理电路图。

1. 输入信号处理电路

由于被测信号波形各异，幅度不同，而要研究的又只是信号的频率，与信号波形的外形、幅度无关。在各种输入信号波形情况下，为了使电路都能正常工作，首先要对输入信号进行整形。输入信号整形电路一般采用施密特触发器。

除了对输入信号要进行整形外，有时还要对输入幅度过小的信号进行放大，此时可在输入级加一级电压放大器，使放大后的信号幅度大于 2V 即可；对输入幅度过大的信号，可以加 RC 分压器进行信号幅度衰减或进行限幅，使之适应施密特触发器对输入信号幅度的要求。

本课题输入信号幅度大于 2V，所以可以只采用集成施密特触发器进行输入信号整形，如采用 74LS14 六施密特触发器。

量程扩展一般也划入输入信号处理电路中。这一部分的电路如图 6-5-1 中的 G_1、N_1、N_2 所示。

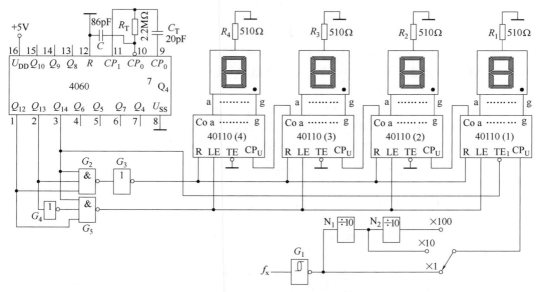

图 6-5-1　数字频率计原理电路

2. 时基电路

因为对被测信号要每秒钟、每秒钟不断地进行采样，所以就需要有能不断地产生持续时间为 1s 的标准时间信号。产生这种信号的电路就是时基电路。时间标准关系到测量的准确度，所以时基电路都采用晶体振荡器，经过若干次分频后获得每秒一次的时间标准信号。本课题为降低成本、简化电路，就采用 RC 多谐振荡器来获得时基信号，如图 6-5-1 中的 CD4060 和 R_T、C_T、C_1 所示，适当选配 $R_T C_T$ 值（$f \approx 1/2.2R_T C_T$），使振荡频率为 8192Hz，再经 CD4060 的十四级二分频，从其 Q_{13} 和 Q_{14} 端，可分别输出 1Hz 和 0.5Hz 的方波信号。Q_4 端 512Hz 的信号可作标准方波脉冲使用。

3. 控制电路

控制电路从某种意义上讲，是整机电路设计成败的关键。它逻辑性强，时序关系配合要得当。这部分电路要根据主体电路所选用的器件来进行设计。本课题的计数/锁存/译码/驱动采用一体化的 CD40110 器件，图 6-5-2 是该器件的内部框图和管脚排列。框图中：CP_U 是加计数输入端，CP_D 是减计数输入端；R 是计数器清零端（$R=0$，清零；$R=1$，工作）；TE 是计数允许端（$TE=0$，允许计数；$TE=1$，停止计数）；LE 是锁存端（$LE=0$，传输；$LE=1$，锁存）；C_0 是进位信号输出端，B_0 是借位信号输出端；$a \sim g$ 是译码输出端。

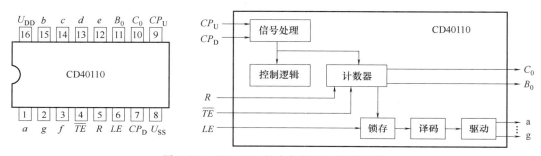

图 6-5-2　CD40110 的内部框图与管脚排到

根据 CD40110 的内部框图（还可查手册看其功能真值表），要使其按"清零—计数 1S—锁存"地循环工作，再结合 CD4060 的输出波形，可得图 6-5-3 所示的工作波形，由工作波形可得实现该波形的逻辑控制电路，如图 6-5-1 中的 $G_2 \sim G_5$ 所示。

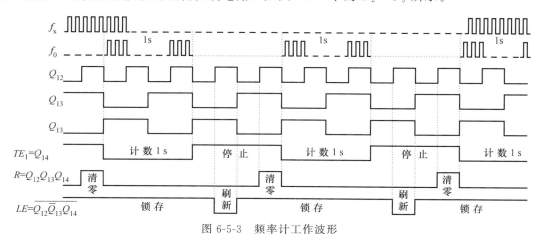

图 6-5-3　频率计工作波形

4. 主体电路

频率计的主体电路是由计数、锁存、译码、驱动和显示电路组成。由于采用了计数/

锁存译码/驱动一体化的 CD40110，将其直接与共阴数码管连接，再将每块 CD40110 的进位输出端 C_0 接于其相邻高位的加计数 CP_U 的输入端，这样级联，就形成图 6-5-1 中右部的频率计的主体电路。

六、电路调试

1. 时基电路的调试

首先要对时基电路进行调试。只有在时基电路正常工作的情况下，才能调试其他部分电路。调试时，用万用表的直流电压 10V 档测 CD4060 的 Q_{14} 端，应有每秒钟摆动一次的秒脉冲信号。也可用示波器观察秒脉冲的跳动波形。当然，用示波器观察并校准 CD4060 的 Q_4 端的 512Hz 的信号，是最根本的校准任务。

CD4060 不工作的基本故障，可检查其电源是否可靠接入；其第 12 管脚清零端是否可靠接地；R_T、C_T、C_1 是否接好等。

2. 控制电路的调试

控制电路 $G_2 \sim G_5$ 比较简单，其中 G_2、G_4、G_5 用 74LS10 三入三与非门（其中一个与非门接成反相器即可）；G_3 和 G_1 合用 74LS14 带有施密特的六反相器。调试时，用万用表或示波器，同样应检查到 $G_2 \sim G_5$ 输入输出端跳动的电压或波形。

3. 输入信号处理电路的调试

用示波器观察 G_1、N_1、N_2 的输入输出波形即可判断其好坏。

4. 联合调试

在时基电路和控制电路都正常后，可进行联合调试。调试时，对于数码管不亮的，首先检查其公共电极是否通过限流电阻可靠接地；而各位显示不动的，多半是未加来进位信号；若计数显示不正常，可相应检查各位的 CD40110 的 R、LE、TE 端的接法是否正确可靠。

七、思考题

1. 频率计一般都有门控逻辑与门，图 6-5-1 中却省去了，为什么？

2. 图 6-5-1 中锁存器的锁存信号覆盖了计数时间，若在计数后马上锁存可能会出现什么问题？

综合实训六　压控变色彩灯电路

一、实训目的

1. 了解用三原色调出多彩色的调色原理。

2. 熟悉晶闸管的工作情况。

3. 熟悉压控变色彩灯电路的工作过程。

二、实训设备与器件

1. 实训设备：数字电子技术实验装置、双踪示波器、万用表各一台。

　　2. 实训器件：定时器 555 一块，四运放 LM324 一块；三极管 9013 三个，双向晶闸管 TLC336A 三个，蓝、绿、红 220V/8W 灯泡各一个；电源变压器 5W 220V/10V×2 一个，二极管 1N4001 两个，电容器 C_1 为 $1000\mu F/25V$，C_2 为 $100\mu F/25V$；电位器 R_{P1} 为 $1k\Omega$，$R_{P2}=R_{P3}=100k\Omega$，电阻 $R_1=R_2=R_3=1k\Omega$，$R_4=R_7=R_{11}=10k\Omega$，$R_5=R_6=R_8=R_9=R_{13}=R_{14}=20k\Omega$，$R_{10}=5.1k\Omega$，$R_{12}=4.7k\Omega$。

三、实训要求与任务

　　1. 实训电路能在控制电压的作用下使灯光变光、变色、闪烁。
　　2. 灯光电源采用交流 220V 电网电压。
　　3. 完成电路搭接与调试。
　　4. 写出实训报告。

四、课题概述

　　在文娱活动场所有一个变光、变色、闪烁的灯光源，使会给活动场所带来彩色斑斓、变幻迷离的感觉，增加活动场所的活跃气氛。本实训电路就是这样一个变光、变色、闪烁的灯光源电路。

　　根据调色原，将蓝、绿、红三个基色调和，可得到蓝、红、紫、绿、青、黄、白、黑等多种颜色；同理，若使蓝、绿、红三个灯泡置于一个有反光的灯罩中，并使各灯泡的发光强度不同，亦可使从灯罩发出的光具有蓝、红、紫、绿、青、黄、白、黑等多种变化的颜色。用双向晶闸管去驱动灯泡发亮，再用电压去控制晶闸管的导通时机和导通时间的长短，就可实现灯泡变色、变光、闪烁的目的。

五、实训电路

　　图 6-6-1 所示是本课题的实训电路。图中，变压器 T 及二极管 1N4001 和电容器 C_1 是全波整流电容滤波电路，用来产生 12V 的直流电压供电路使用；555 用来产生近似的锯齿波电压，此电压经 IC_4 放大后加给三个电压比较器 IC_1、IC_2、IC_3 的同相输入端；三个电压比较器输出经三极管 $U_1 \sim U_3$ 隔离后去触发晶闸管 $US_1 \sim US_3$ 使其驱动三个灯泡 $H_1 \sim H_3$ 发亮。

　　三个电压比较器反相输入端的电压各不相同，其中：

IC3 反相输入端的电压 U_{-3} 为：

$$U_{-3}=R_{14}U_{CC}/(R_{13}+R_{14})=U_{CC}/2$$

IC2 反相输入端的电压 U_{-2} 为：

$$I_{R6}=I_{R5}+I_{R7}，即 U_{-2}/R_6=(U_{CC}-U_{-2})/R_5+(U_G-U_{-2})/R_7，$$

经整理可得：

$$U_{-2}=U_{CC}/6+4U_G/6$$

IC1 反相输入端的电压 U_{-1} 为：

$$I_{R9}=I_{R8}+I_{R10}+I_{R11}，即 U_{-1}/R_9=(U_{CC}-U_{-1})/R_8+(U_G-U_{-1})/R_{10}+(U_R-U_{-1})/R_{11}，$$

经整理可得：

$$U_{-1}=U_{CC}/8+2U_R/8+4U_G/8 \quad （比较器输出电压值 U_G、U_R、U_B 或 0 或 U_{CC}）。$$

由此可知，三个电压比较器反相输入端的电压各不相同，而它们的同相输入端是同一

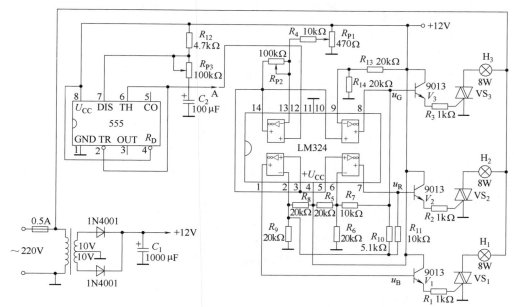

图 6-6-1　压控变色彩灯原理接线图

个经放大了的近似锯齿波电压 U_C（也可以是三角波、梯形波或不规则的语言、音乐信号电压波形），所以 IC_1、IC_2、IC_3 的导通时机和导通时间的长短各不相同，它们通过三极管 $U_1 \sim U_3$ 去触发晶闸管 $US_1 \sim US_3$，使 $US_1 \sim US_3$ 的导通时机和导通时间的长短也各不相同，使得三个灯泡蓝、绿、红的导通时机和导通时间的长短亦各不相同，产生灯光变色的效果。

若 U_c 是理想锯齿波，则 U_C、U_G、U_R、U_B 的波形及由 U_G、U_R、U_B 组合而得的彩色变化情况如图 6-6-2 所示。其中：三个灯泡都不亮，即 $U_G = U_R = U_B = 0$ 为黑；只有 U_B 为蓝；只有 U_R 为红；只有 U_G 为绿；它们的不同混合可得蓝、红、紫、绿、青、黄、白、黑等彩色。

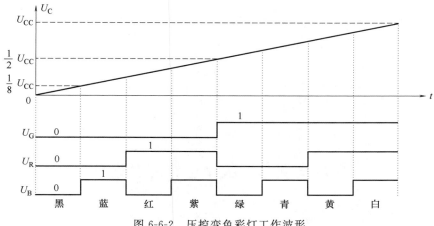

图 6-6-2　压控变色彩灯工作波形

若从图 6-6-1 中 A 点加入的是音乐信号，如图 6-6-3（a）所示，则灯光亮度及颜色会随音乐而变化。若从图 6-6-1 中 A 点加入的是光控信号，如图 6-6-3（b）所示，则灯光亮度及颜色会随光源而变化。

六、电路调试

1. 整流滤波电路调试

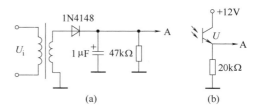

图 6-6-3　音乐信号输入或光敏输入

首先，测试全波整流电容滤波电路，应有＋12V 的直流电压输出。

其次，测试 LM324 的 4 脚与 11 脚之间电压、三个三极管 $U_1 \sim U_3$ 的集电极与地之间的电压、555 的 8 脚与 1 脚之间的电压都应加有 12V 的直流电压。

2. 锯齿波电压的调整

调电位器 R_{P3}，用示波器观察 555 的 2（6）脚波形，应是近似的锯齿波。

用示波器观察 IC_4 的输出波形 U_c，应是被放大了的近似锯齿波，否则调 R_{p2}，使锯齿波幅度较大；R_{P1} 用来调节控制电压对彩灯的起控点，使由 A 点输入的直流成分不产生控制作用。

3. 彩灯效果的联合调试

在上述调好的基础上，就可观察蓝、绿、红三个灯泡的实际闪亮效果，并可根据自己的爱好，再次边观察边调整 R_{P1}、R_{p2} 和 R_{P3}，使灯光闪烁、变色达到满意的程度为止。

注意：底板带电。调试前应确定 220V 的火线与零线，将零线接"地"；最好用隔离变压器为安全。

七、思考题

1. 图 6-1 中若使用普通晶闸管会有什么结果？图中 R_{12}、R_{13}、R_{14} 的作用是什么？

2. 如何测定交流 220V 的火线与零线？

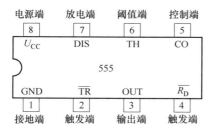

图 6-6-4　555 管脚排列

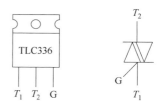

图 6-6-5　双向晶闸管符号
与 TLC336 管脚

综合实训七　数字电路综合设计

一、汽车尾灯控制电路

1. 要求

假设汽车尾部左右两侧各有三个指示灯（用发光二极管模拟），要求汽车正常运行时指示灯全灭；右转弯时，右侧三个指示灯按右循环顺序点亮；左转弯时左侧三个指示灯按左循环顺序点亮；临时刹车时所有指示灯同时闪烁。

2. 电路设计

（1）列出尾灯与汽车运行状态表如表 6-7-1 所示。

表 6-7-1　　　　　　　　　　　　　　　尾灯与汽车运行状态表

开关控制 S_1　S_0	运行状态	左尾灯 $D_4 D_5 D_6$	右尾灯 $D_1 D_2 D_3$
0　0	正常运行	灯灭	灯灭
0　1	右转弯	灯灭	按 $D_1 D_2 D_3$ 顺序循环点亮
1　0	左转弯	按 $D_4 D_5 D_6$ 顺序循环点亮	灯灭
1　1	临时刹车	所有尾灯随时钟	CP 同时闪烁

（2）总体框图：由于汽车左或右转弯时，三个指示灯循环点亮，所以用三进制计数器

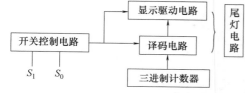

图 6-7-1　汽车尾灯控制电路原理框图

控制译码器电路顺序输出低电平，从而控制尾灯按要求点亮。由此得出在每种运行状态下，各指示灯与各给定条件（S_1、S_0、CP、Q_1、Q_0）的关系，即逻辑功能表如表 6-7-2 所示（表中 0 表示灯灭，1 表示灯亮）。

由表 6-7-2 得总体框图如图 6-7-1 所示。

表 6-7-2　　　　　　　　　　　　　　汽车尾灯控制逻辑功能表

开关控制 S_1　S_0	三进制计数器		六个指示灯					
	Q_1	Q_0	D_6	D_5	D_4	D_1	D_2	D_3
0　0			0	0	0	0	0	0
0　1	0	0	0	0	0	1	0	0
	0	1	0	0	0	0	1	0
	1	0	0	0	0	0	0	1
1　0	0	0	0	0	1	0	0	0
	0	1	0	1	0	0	0	0
	1	0	1	0	0	0	0	0
1　1			CP	CP	CP	CP	CP	CP

（3）单元电路设计。三进制计数器电路可根据表 6-7-2 由双 JK 触发器 74LS76 构成。

汽车尾灯控制电路如图 6-7-2 所示，其显示驱动电路由六个发光二极管构成；译码电路由 3—8 线译码器 74LSl38 和六个与门构成。74LSl38 的三个输入端 A_2、A_1、A_0 分别接 S_1、Q_1、Q_0，而 $Q_1 Q_0$ 是三进制计数器的输出端。当 $S_1 = 0$，使能信号 A＝G＝1，计数器的状态为 00、01、10 时，74LSl38 对应的输出端 $\overline{Y_0}$、$\overline{Y_1}$、$\overline{Y_2}$ 依次为 0 有效（$\overline{Y_3}$、$\overline{Y_4}$、$\overline{Y_5}$ 信号为"1"无效），反相器 G_1—G_3 的输出端也依次为 0，故指示灯 $D_1 \rightarrow D_2 \rightarrow D_3$ 按顺序点亮，示意汽车右转弯。若上述条件不变，而 $S_1 = 1$，则 74LSl38 对应的输出端 $\overline{Y_4}$、$\overline{Y_5}$、$\overline{Y_6}$ 依次为 0 有效，即反相器 $G_4 \sim G_6$ 的输出端依次为 0，故指示灯 $D_4 \rightarrow D_5 \rightarrow D_6$ 按顺序点亮，示意汽车左转弯。当 $G = 0$、$A = 1$ 时，74LSl38 的输出端全为 1，$G_6 \sim G_1$ 的输出端也全为 1，指示灯全灭；当 $G = 0$、$A = CP$ 时，指示灯随 CP 的

频率闪烁。

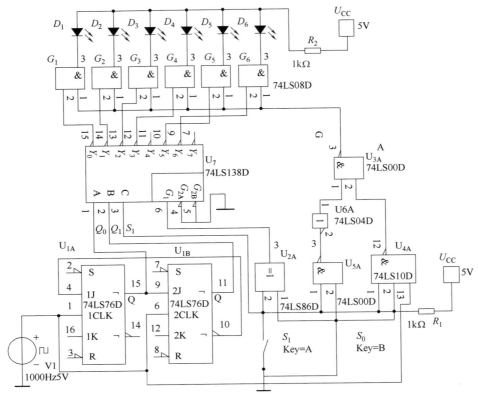

图 6-7-2　汽车尾灯总控制电路

对于开关控制电路，设 74LS138 和显示驱动电路的使能端信号分别为 G 和 A，根据总体逻辑功能表分析及组合得 G、A 与给定条件（S_1、S_0、CP）的真值表，如表 6-7-3 所示。

由表 6-7-3 整理得逻辑表达式

$$G = S_1 \oplus S_0, \quad A = \overline{S_1 S_0} + S_1 S_0, \quad CP = \overline{\overline{S_1 S_0} \cdot \overline{S_1 S_0 CP}}$$

由上式得开关控制电路，如图 6-7-2 所示。

表 6-7-3　　　　　　　　　　　S_1、S_0、CP 与 G、A 逻辑功能真值表

开关控制		CP	使能信号	
S_1	S_0		G	A
0	0		0	1
0	1		1	1
1	0		1	1
1	1	CP	0	CP

3. 重新仿真

建立图 6-7-2 所示汽车尾灯控制电路，启动仿真，测试系统功能，并试将图中的开关

控制电路变换成子电路，再重新仿真。

二、交通信号灯控制电路设计

1. 要求

设计一个主、支干道十字路口交通灯控制电路。主干道路灯亮 45s、支干道绿灯亮 25s；每次绿灯转换为红灯过程中黄灯亮 5s；主干道在通行 45s 后，若支干道无车，则主干道的绿灯继续亮下去，直到支干道有车，才继续转换；黄灯亮时，原红灯按 1Hz 的频率闪烁；十字路口要有时间显示（要求以秒为单位作减计数）以便人们直观把握时间。

2. 原理分析

支干道是否有车辆到来可以利用传感器进行检测，本电路用逻辑开关代替：有车到来，开关闭合（$K=1$）；无车时，开关断开（$K=0$）。

根据设计要求，各信号灯的工作顺序流程如图 6-7-3 所示。四个路口均设红、黄、绿三色信号灯和用于计数的有两位数码管显示的十进制计数器。信号灯四种不同的状态分别用 S_0（主绿灯亮，支红灯亮）、S_1（主黄灯亮，支红灯闪烁）、S_2（主红灯亮，支绿灯亮）、S_3（主红灯闪烁，支黄灯亮）表示。

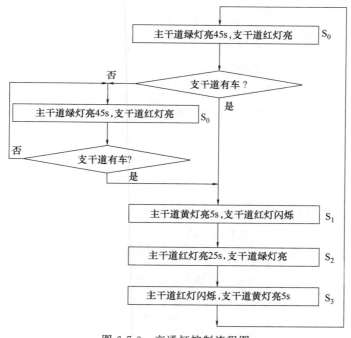

图 6-7-3 交通灯控制流程图

根据系统工作流程要求，系统硬件结构框图如图 6-7-4 所示。

3. 单元电路设计

（1）时基电路：可由 555 多谐振荡器构成。为简化电路，在此选用秒脉冲信号源代替。

（2）可预置定时及显示电路：如图 6-7-5 所示 2 位十进制可预置数递减计数器选用两片 74LS190 异步级联构成；选用两只带译码功能的七段显示数码管实现两位十进制数译

码显示；由 74LS190 功能表可知，该计数器在零状态时 RCO 端输出低电平。将个位与十位计数器的 RCO 端通过或门控制两片计数器的置数控制端 LOAD（低电平有效），从而实现了计数器减计数至"00"状态瞬间完成置数的要求。通过 8421 码置数输入端，可以选择 100 以内的数值，实现 0s～100s 内自由选择的定时要求。

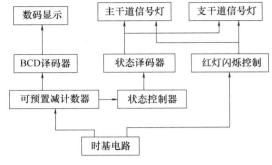

图 6-7-4　交通灯控制系统硬件结构框图

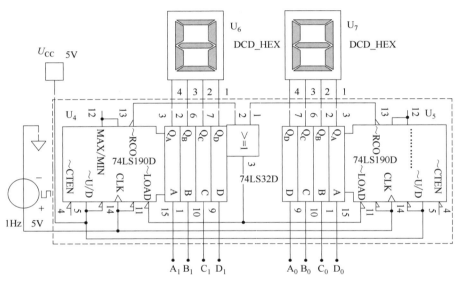

图 6-7-5　可预置定时及显示电路

（3）状态控制器。

由流程图可见，系统有四种不同的工作状态（$S_0 \sim S_3$），选用四位二进制递增集成计数器 74LS163 作状态控制器，取低两位输出 Q_B、Q_A 作状态控制器的输出。状态编码 S_0、S_1、S_2、S_3 分别为 00、01、10、11，可列出灯控函数真值表如表 6-7-4 所示。

表 6-7-4　　　　　　　　　　　　　　灯控函数真值表

控制器状态		主干道	支干道
Q_B	Q_A	R(红)Y(黄)G(绿)	r(红)y(黄)g(绿)
0	0	0　　0　　1	1　　0　　0
0	1	0　　1　　0	1　　0　　0
1	0	1　　0　　0	0　　0　　1
0	1	1　　1　　0	0　　1　　0

利用 Multisim 的逻辑转换仪，由灯控函数真值表很容易得到最简灯控逻辑函数如下：

$$R = Q_B, \quad Y = Q_B' Q_A, G = Q_B' Q_A';$$
$$r = Q_B', y = Q_B Q_A, g = Q_B Q_A'$$

根据灯控函数表达式可画出状态译码器电路。如图 6-7-6 所示是将状态控制器、状态译码器和模拟三色信号灯相连构成的三色信号灯转换控制电路。

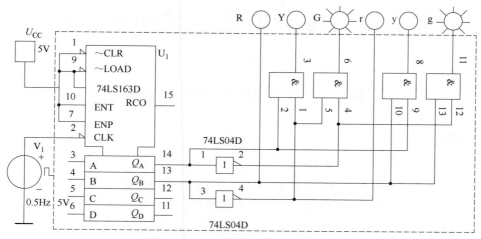

图 6-7-6 三色信号灯转换控制电路

4. 系统组装与调试

首先对各单元电路功能进行验证，无误后，用粘贴的方法将各单元电路加以组合。要特别注意电路之间高、低电平的配合。组装完毕后，"通电"进行调试。

第七章　数字电子技术仿真实验

实验一　Multisim10 仿真软件应用

一、实验目的

1. 熟悉 Multisim10 仿真软件的使用方法。
2. 熟悉 Multisim10 中 TTL 器件和 LED、指示灯的使用方法。
3. 掌握逻辑分析仪、数字信号产生器、逻辑转换仪的使用。
4. 学习简单数字电路的仿真方法。

二、实验设备与器件

1. 计算机一台。
2. 电子电路仿真软件 Multisim10。

三、实验内容

1. 基本器件应用

利用 Multisim10 中 TTL 器件和 LED、指示灯等基本器件，对逻辑门 74LS00 进行功能测试，如图 7-1-1 和图 7-1-2 所示。

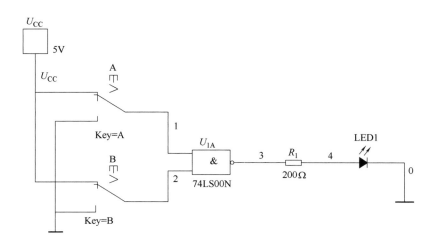

图 7-1-1　74LS00 进行功能测试

2. 逻辑转换仪的应用

（1）试用逻辑转换仪对逻辑门 74LS00 和 74LS86 进行功能测试，如图 7-1-3 所示。

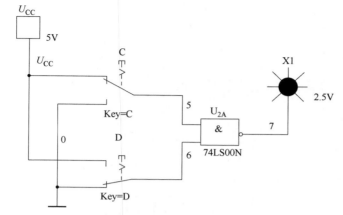

图 7-1-2　74LS00 功能测试

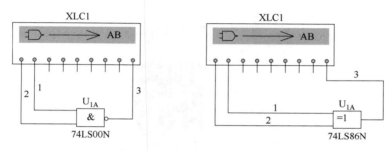

图 7-1-3　74LS00 和 74LS86 功能测试

（2）试用逻辑转换仪对逻辑图 7-1-4 进行测试。

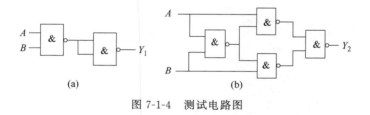

图 7-1-4　测试电路图

3. 逻辑分析仪的应用

设计一个九进制计数器如图 7-1-5 所示，试用逻辑分析仪分析结果。

4. 数字信号发生器的应用

用数码管和逻辑分析仪观察产生的数字信号，如图 7-1-6 所示。

四、预习要求

1. 熟悉 Multisim10 仿真软件的使用方法。

2. 简单数字电路的仿真方法。

五、总结报告

仿真结果及调试过程中所遇到的故障分析。

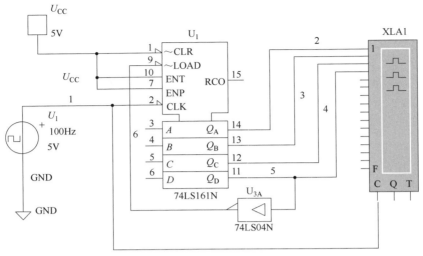

图 7-1-5   九进制计数器

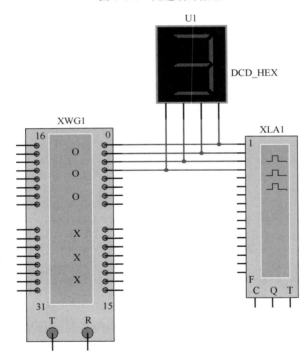

图 7-1-6   用数码管和逻辑分析仪产生数字信号

实验二   数据选择器及其应用仿真

一、实验目的

1. 掌握中规模集成数据选择器的逻辑功能及使用方法。

2. 掌握用数据选择器构成组合逻辑电路的方法。

二、实验设备与器件

1. 计算机一台。

2. 电子电路仿真软件 Multisim10。

三、实验内容

1. 测试数据选择器 74LS151 的逻辑功能

（1）创建电路。数据选择器 74LS151 的逻辑功能测试如图 7-2-1 所示，D_0、D_1、D_2 分别接频率为 1kHz、2kHz、4kHz 的时钟信号源。

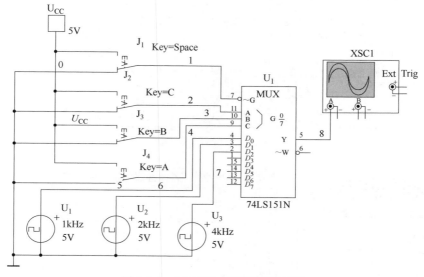

图 7-2-1　74LS151 逻辑功能测试图

（2）仿真测试。闭合仿真开关，拨动 J_1 为"0"，拨动 J_4、J_3、J_2 为"000"时，74LS151 的 D_0 端输入的数据被选中送到输出端，示波器显示 1kHz 的时钟信号，如图 7-2-2 所示。

当拨动 J_1 为"0"，拨动 J_4、J_3、J_2 为"001"时，74LS151 的 D_1 端输入的数据被选中送到输出端，示波器显示 2kHz 的时钟信号。

当拨动 J_1 为"0"，拨动 J_2、J_3、J_4 为"010"时，74LS151 的 D_2 端输入的数据被选中送到输出端，示波器显示 4kHz 的时钟信号。

2. 用 8 选 1 数据选择器 74LS151 设计三人无弃权多数表决电路

（1）创建电路。用 8 选 1 数据选择器 74LS151 设计三人无弃权多数表决电路，如图 7-2-3（a）所示。

（2）仿真测试。按图 7-2-3（a）接好电路后，仿真结果如图 7-2-3（b）所示。

3. 用 8 选 1 数据选择器 74LS151 设计四人无弃权表决电路

（1）创建电路。用 8 选 1 数据选择器 74LS151 设计四人无弃权表决电路，如图 7-2-4 所示。

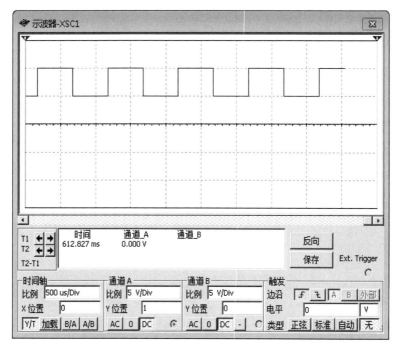

图 7-2-2　74LS151 输出波形

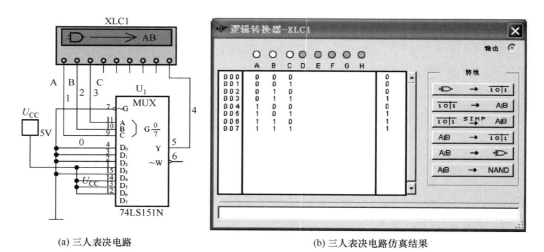

(a) 三人表决电路　　　　　　　　　　　　　　　(b) 三人表决电路仿真结果

图 7-2-3　三人表决电路及仿真结果

（2）仿真测试。按图 7-2-4 接好电路后，仿真结果如图 7-2-5 所示。

4. 请用 8 选 1 数据选择器 74LS151 实现以下电路

有一密码电子锁，锁上有四个锁孔 A、B、C、D，按下为 1，否则为 0。当按下 A 和 B、或 A 和 D、或 B 和 D 时，再插入钥匙，锁即打开。若按错了键孔，当插入钥匙时，锁打不开，并发出报警信号，有警为 1，无警为 0。请用 8 选 1 数据选择器 74LS151 实现该电路。

（1）创建电路如图 7-2-6 所示。

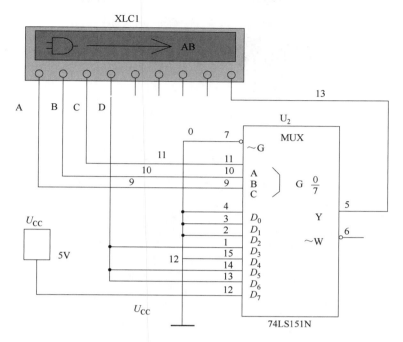

图 7-2-4 四人表决电路

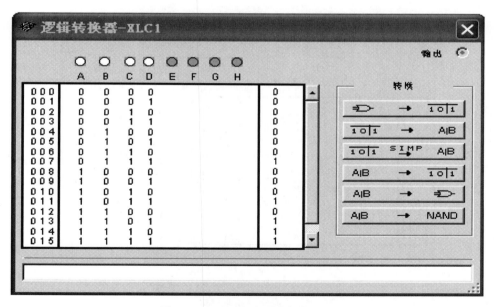

图 7-2-5 四人表决电路仿真结果

（2）仿真测试，仿真结果如图 7-2-7 所示。

5. 用数据选择器 74LS151 的逻辑功能实现一位全加器

（1）创建电路。利用数据选择器 74LS151 的逻辑功能实现一位全加器的方法有两种，两种方法的电路如图 7-2-8 和图 7-2-9 所示。

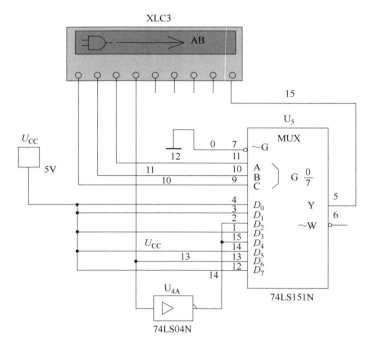

图 7-2-6　密码电子锁电路

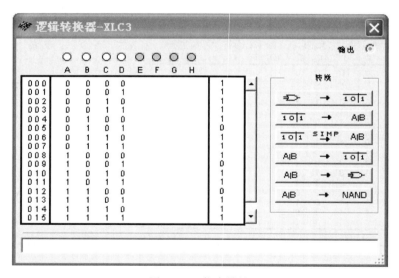

图 7-2-7　仿真结果

（2）仿真测试。

方法一：如图 7-2-8 所示，J_3、J_2 为全加器的两个加数输入，J_1 为低位进位输入，X_1 和 X_2 指示本位和及本位进位的输出。闭合仿真开关，拨动 J_1、J_2、J_3 为"111"时 X_1 和 X_2 指示灯均亮。

方法二：如图 7-2-9 所示，闭合仿真开关，仿真本位和 S_i 的结果如图 7-2-10 所示。

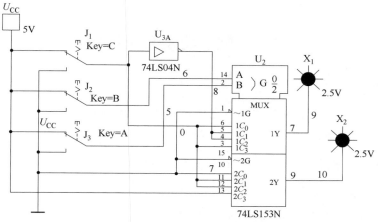

图 7-2-8 74LS153 构成全加器

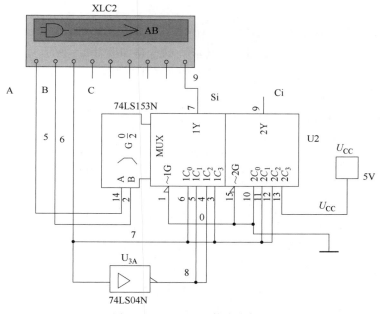

图 7-2-9 74LS153 构成全加器

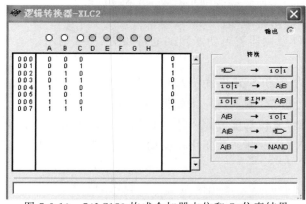

图 7-2-10 74LS153 构成全加器本位和 S_i 仿真结果

实验三　触发器及其应用仿真

一、实验目的

1. 掌握基本 RS、JK、D 和 T 触发器的逻辑功能及使用方法。
2. 熟悉触发器之间相互转换的设计方法。

二、实验设备与器件

1. 计算机一台。
2. 电子电路仿真软件 Multisim10。

三、实验内容

1. 测试基本 RS 触发器的逻辑功能

（1）创建电路。基本 RS 触发器逻辑功能测试电路如图 7-3-1 所示。

（2）仿真测试。J_1 和 J_2 分别为 $\overline{R}$ 和 $\overline{S}$ 数据输入，X_1 和 X_2 为指示输出 $\overline{Q}$ 和 Q 的状态。

闭合仿真开关，拨动 J_1 和 J_2 观察输出 Q 的状态。

当 $\overline{R}=\overline{S}=1$ 时，触发器保持原来的 1 或 0 状态不变。

当 $\overline{R}=0$，$\overline{S}=1$ 时，触发器置"0"状态，X_2 灯灭。

当 $\overline{R}=1$，$\overline{S}=0$ 时，触发器置"1"状态，X_2 灯亮。

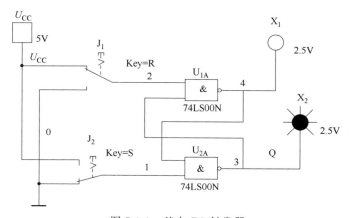

图 7-3-1　基本 RS 触发器

当 $\overline{R}=\overline{S}=0$ 时，触发器状态不确定，X_1 和 X_2 灯均亮。

2. 测试 D 触发器的逻辑功能

（1）创建电路。D 触发器逻辑功能测试电路如图 7-3-2 所示。

（2）仿真测试。

① J_1 和 J_2 分别为 $\overline{R}$ 和 $\overline{S}$ 异步置位及异步复位端输入，X_1 和 X_2 为指示输出 Q 和 $\overline{Q}$ 的状态。端 J_3 为时钟端 CP 输入，J_4 为数据端 D 输入。

② 异步置位和异步复位功能测试。闭合仿真开关，拨动 J_1、J_2 为 $J_1J_2=01$ 时观察输出的状态，即 X_1 和 X_2 指示灯亮灭变化；拨动 J_1、J_2 为 $J_1J_2=10$ 时观察输出的状态，即 X_1 和 X_2 指示灯亮灭变化。

③ 74LS74 逻辑功能测试。首先拨动 J_1、J_2 设定触发器的初态，接着拨动 J_3、J_4，观察输出状态 X_1 和 X_2 指示灯亮灭变化。

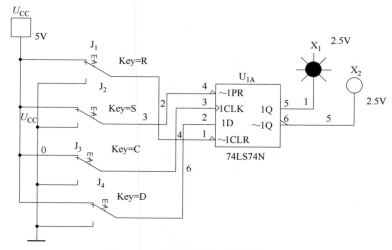

图 7-3-2　D 触发器的逻辑功能测试

3. 测试 JK 触发器的逻辑功能

方法一：

（1）创建电路。JK 触发器功能测试电路如图 7-3-3 所示。

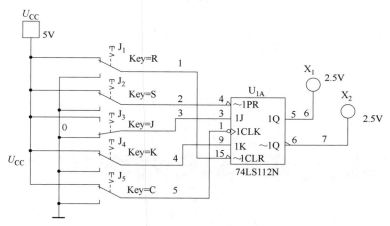

图 7-3-3　JK 触发器功能测试

（2）仿真测试。

① J_1 和 J_2 分别为 $\overline{R}$ 和 $\overline{S}$ 异步置位及异步复位端输入，X_1 和 X_2 为指示输出 Q 和 $\overline{Q}$ 的状态，J_3 和 J_4 为数据端 J 和 K 输入，J_5 为时钟端 CP 输入。

② 异步置位和异步复位功能测试。闭合仿真开关，拨动 J_1、J_2 为 $J_1J_2=01$ 观察输出 Q 的状态，拨动 J_1、J_2 为 $J_1J_2=10$ 观察输出 Q 的状态。

③ 74LS112 逻辑功能测试。首先拨动 J_1、J_2 设定触发器的初态，接着拨动 J_3、J_4、J_5 观察输出的状态，即 X_1 和 X_2 指示灯亮灭变化。

方法二：

（1）创建电路。JK 触发器功能测试电路如图 7-3-4 所示。

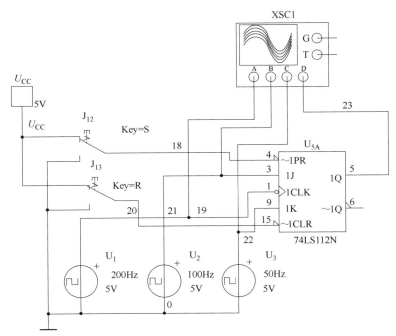

图 7-3-4　JK 触发器功能测试

（2）仿真测试。

① 闭合仿真开关，拨动开关 J_{12} 和 J_{13}。

② 打开示波器窗口。

当 $\overline{R}_D = 0$、$\overline{S}_D = 1$ 时，输出 $Q = 0$ 状态。

当 $\overline{R}_D = 1$、$\overline{S}_D = 0$ 时，输出 $Q = 1$ 状态。

当 $\overline{R}_D = \overline{S}_D = 1$ 时，输出 Q 的波形如图 7-3-5 所示。

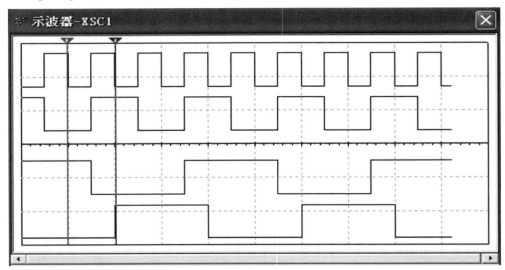

图 7-3-5　波形图

示波器窗口从上到下显示的四个波形依次为时钟脉冲 CP，输入信号 J、K，输出信号 Q。

4. JK 触发器构成 T 触发器

（1）创建电路。JK 触发器构成 T 触发器的电路如图 7-3-6 所示，T＝J＝K＝1。

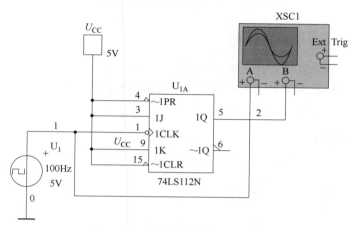

图 7-3-6　JK 触发器构成 T 触发器

（2）仿真测试。

① 闭合仿真开关。

② 打开示波器窗口如图 7-3-7 所示。

示波器窗口显示波形上面为 A 通道即时钟输入信号、下面为 B 通道输出信号。每当

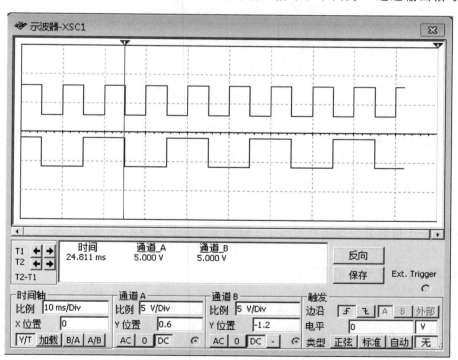

图 7-3-7　T 触发器输出波形

时钟输入信号上升沿到来时，触发器的输出状态保持不变，每当时钟输入信号下降沿到来时，Q 的状态就翻转，实现了下降沿触发的边沿 T 触发器的功能，同时也是 2 分频电路。

实验四　计数器及其应用仿真

一、实验目的

1. 了解由集成触发器构成的二进制计数器的设计方法。
2. 掌握集成计数器的逻辑功能及构成不同进制计数器的设计方法。
3. 熟悉 Multisim 中总线的使用方法。

二、实验设备与器件

1. 计算机一台。
2. 电子电路仿真软件 Multisim10。

三、实验内容

1. D 触发器构成 4 位二进制加法计数器

（1）创建电路。D 触发器构成 4 位二进制加法计数器的电路如图 7-4-1 所示。

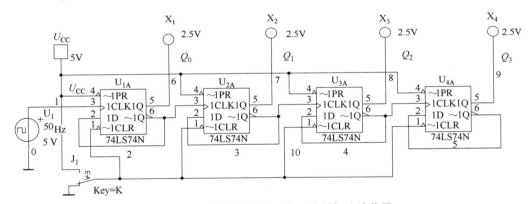

图 7-4-1　D 触发器构成 4 位二进制加法计数器

（2）仿真测试。闭合仿真开关，观察 $X_4 X_3 X_2 X_1$ 灯亮情况，即 $Q_3 Q_2 Q_1 Q_0$ 输出变化。

2. 二-五-十进制异步加法计数器 74LS290 逻辑功能测试

（1）创建电路。

74LS290 逻辑功能测试电路如图 7-4-2 所示。

（2）仿真测试。

① J_1 和 J_2 分别为 74LS290 的异步清零端和异步置 9 端输入。

② 异步清零和异步置 9 功能测试。闭合仿真开关，拨动 J_1 为 "1" 观察数码管的显示，了解异步清零的功能；拨动 J_1 为 "0"，拨动 J_2 为 "1" 观察数码管的显示，了解异步置 9 的功能。

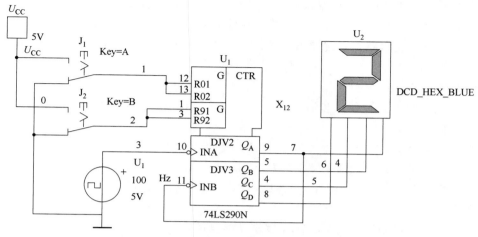

图 7-4-2　74LS290 逻辑功能测试

③ 74LS290 逻辑功能测试。首先，拨动 J_1 和 J_2 均为 "0"，使 74LS290 处于加计数工作状态，然后观察数码管的显示，74LS290 按照十进制加法计数，从而理解和掌握 74LS290 的逻辑功能和使用方法。

（3）思考与练习。如何仿真测试 74LS290 二进制计数功能和五进制计数功能？

3. 用两片 74LS290 构成百进制计数器

（1）创建电路。用两片 74LS290 构成百进制计数器电路，创建仿真电路如图 7-4-3 所示，总线的绘制方法如下。

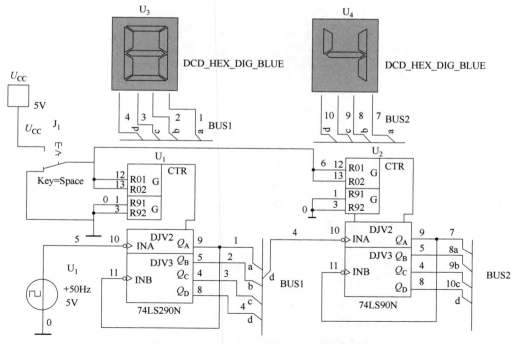

图 7-4-3　两片 74LS290 构成百进制计数器

① 依次点击菜单 Place（放置）→Bus（总线），放置后的总线系统自动取名为 Bus1。

② 双击总线，弹出总线属性窗口，修改总线名称（Bus Name）。

③ 连接总线分支线路，系统弹出定义总线分支连接窗口，在总线连接（Busline）栏中定义分支名称即可。

（2）仿真测试。

① J_1 为两片 74LS290 的异步清零端输入，数码管 U_3 和 U_4 分别指示两片 74LS290 构成的十位和个位计数值。

② 闭合仿真开关。首先，拨动 J_1 为"1"，使两片计数器清零，数码管显示 00。接着拨动 J_1 为"0"，使两片计数器处于加计数状态，观察数码管显示。

（3）思考与练习。如何用两片 74LS290 构成六十进制计数器或者二十四进制计数器，并仿真测试？

4. 集成四位二进制计数器 74LS161 逻辑功能测试

（1）创建电路。创建四位二进制计数器 74LS161 逻辑功能测试仿真电路，如图 7-4-4 所示。

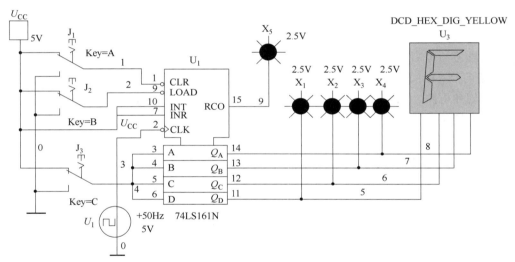

图 7-4-4   74LS161 逻辑功能测试

（2）仿真测试。

① J_1 和 J_2 分别为 74LS161 的异步清零端和同步置数控制端输入，J_3 为并行数据输入端输入，X_5 指示进位输出状态，X_1～X_4 指示数据输出 $Q_A Q_B Q_C Q_D$ 状态。

② 异步清零和同步置数功能测试。

闭合仿真开关，拨动 J_1 为"0"，观察指示灯及数码管显示，了解异步清零功能；拨动 J_1 为"1"，拨动 J_2 和 J_3，观察指示灯及数码管显示，了解同步置数功能。

③ 74LS161 逻辑功能测试。首先拨动 J_1 和 J_2 均为"1"，使 74LS161 处于计数工作状态。然后观察指示灯及数码管显示，74LS161 按照二进制加法规律计数，从而理解和掌握 74LS161 的逻辑功能和使用方法。

5. 二进制计数器 74LS161 构成十二进制计数器

（1）创建电路。

方法一：利用 74LS161 异步清零端 $\overline{CR}$ 构成十二进制计数器，如图 7-4-5 所示。

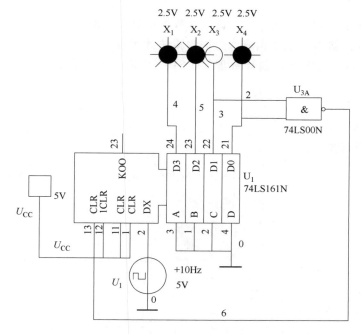

图 7-4-5　74LS161 异步清零法构成十二进制计数器

方法二：利用 74LS161 同步置数端 $\overline{LD}$ 构成十二进制计数器，如图 7-4-6 所示。

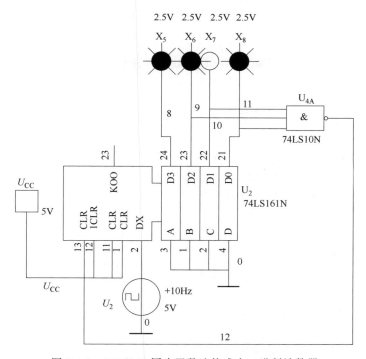

图 7-4-6　74LS161 同步置数法构成十二进制计数器

（2）仿真测试。

① 闭合仿真开关。

② 观察指示器显示，都按照十二进制计数规律显示，构成十二进制计数器。

6. 十进制计数器 74LS192 构成六十进制减法计数器

（1）创建电路。创建十进制计数器 74LS192 构成六十进制减法计数器的仿真电路，如图 7-4-7 所示。

（2）仿真测试。

① 闭合仿真开关。

② 观察数码管显示。

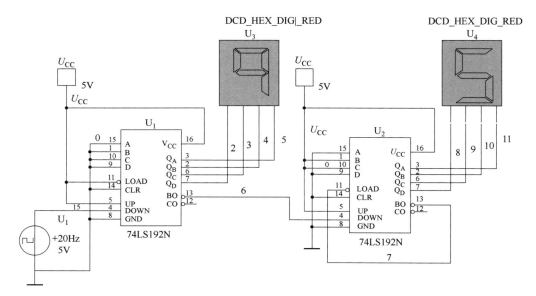

图 7-4-7　两片 74LS192 构成六十进制减法计数器

附　　录

附录 A　常用集成电路的型号命名法及引脚排列图

一、集成电路型号命名法

现行国际规定的集成电路命名法见表 A-1。

表 A-1　集成电路型号命名法

第零部分		第一部分		第二部分	第三部分		第四部分	
用字母表示器件符合国家标准		用字母表示器件的类型		用数字和字母表示器件系列品种	用字母表示器件的工作温度范围		用字母表示器件的封装	
符号	意义	符号	意义		符号	意义	符号	意义
C	中国制造	T	TTL	TTL 分为：	C	0~70℃⑤	F	多层陶瓷扁平封装
		H	HTL		G	−25~70℃	B	塑料扁平封装
		E	ECL	54/74×××①	L	−25~85℃	H	黑瓷扁平封装
		C	CMOS	54/74H×××②	E	−40~85℃	D	多层陶瓷双列直插
		M	存储器	54/74L×××③	R	−55~85℃	I	黑瓷双列直插封装
		μ	微型机电路	54/74S×××	M	−55~125℃⑥	P	黑瓷双列直插封装
		F	线性放大器	54/74LS×××④	...	...	S	塑料单列直插封装
		W	稳压器	54/74AS×××			T	塑料封装
		D	音响电视电路	54/74ALS×××			K	金属圆壳封装
		B	非线性电路	54/74F×××			C	金属菱形封装
		J	接口电路	CMOS 为：			E	陶瓷芯片载体封装
		AD	A/D 转换器	4000 系列			G	塑料芯片载体封装
		DA	D/A 转换器	54/74HC×××			...	网格针栅陈列封装
		SC	通信专用电路	54/74HCT×××			SOIC	小引线封装
		SS	敏感电路	...			PCC	塑料芯片载体封装
		SW	钟表电路				LCC	陶瓷芯片载体封装
		SJ	机电仪电路					
		SF	复印机电路					
		...						

①74：国际通用 74 系列（民用）；54：国际通用 54 系列（军用）。
②H：高速。③L：低速。④LS：低功耗。
⑤C：只出现在 74 系列。⑥M：只出现在 54 系列。

二、集成电路分类

集成电路的分类有多种形式：按功能分为模拟集成电路和数字集成电路；按外形分为圆型（金属外壳晶体管封装型，适用于大功率）、扁平型（稳定性好，体积小）和双列直插型（有利于采用大规模生产技术进行焊接）。还可按规模、按工艺等进行分类。

目前，已经成熟的集成逻辑技术主要有三种：TTL 逻辑（晶体管-晶体管逻辑）、CMOS 逻辑（互补金属-氧化物-半导体逻辑）和 ECL 逻辑（发射极耦合逻辑）。

TTL 逻辑是在 1964 年由美国德克萨斯仪器公司研制生产。一经问世，发展速度很快，系列产品很多。常用的两个系列化产品是军用 54 系列和民用 74 系列。CMOS 逻辑的特点是功耗低，工作电源范围较宽，速度快。ECL 逻辑的最大特点是工作速度高。

三、常用集成电路引脚顺序的识别

使用集成电路时，必须认真识别集成电路的各个引脚，确认电源、地和各输入、输出、控制端等，以免因错接而损坏器件。

集成电路的引脚排列有一定规律。对圆型集成电路，将其引脚朝上，从定位销开始顺时针方向依次为 1，2，3，…，如图 A-1（a）所示。圆型多用于模拟集成电路。对扁平和双列直插型集成电路，将文字符号正放或将缺口置于左方，由顶部俯视，从左下脚起，按逆时针方向依次为 1，2，3，…，如图 A-1（b）所示。扁平型多用于数字集成电路，双列直插型广泛应用与数字和模拟集成电路。

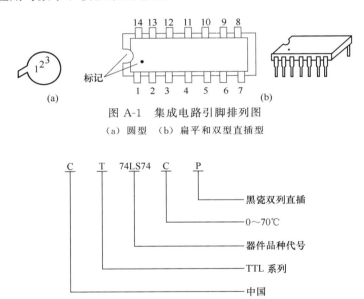

图 A-1　集成电路引脚排列图
(a) 圆型　(b) 扁平和双型直插型

四、常用集成电路的主要参数及引脚排列图

1. 集成运算放大器

在这里介绍实验中将用到的三种集成运算放大器的引脚和主要参数。

（1）引脚排列。图 A-2 和图 A-3 为 μA741 和 LM324 的引脚图，图 A-2 中还给出了 μA741 的调零方法。TL084 和 LM324 的引脚排列相同。它们内部都有四个集成运放，分别用序号 1、2、3、4 表示。图 A-2 中 U_+ 为正电源，U_- 为负电源，OA1、OA2 为调零端，IN_- 为反向输入端，IN_+ 为同相输入端，OUT 为输出端。

（2）运放的参数。三种运放的主要参数如表 A-2 所示。

表 A-2　　　　　　　　　　　**实验中用到的三种运放的主要参数**

型号	参　　数						
	输入失调电压/mV	失调电压温度系数/(μV/℃)	偏置电流/nA	差模开环增益/dB	增益带宽积/MHz	共模抑制比/dB	电压转换速率/(V/μs)
μA741	2	10	80	86	1.2	90	0.5
LM324	2	7	45	100	1	70	1
TL084	3	10	0.03	100	4	80	13

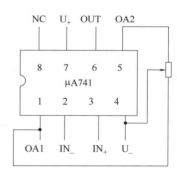

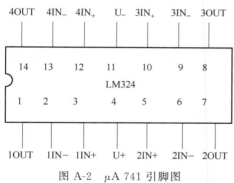

图 A-2　μA 741 引脚图

图 A-3　LM324 引脚图

2. 三端集成稳压器（图 A-4）

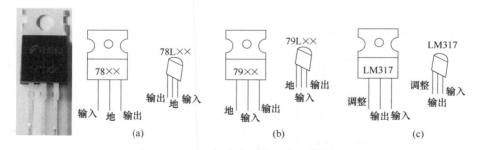

图 A-4　三端集成稳压器外形和引脚图

（a）78××系列　（b）79××系列　（c）317××系列

附录 B　常用数字芯片引脚排列图

　　"74"系列和"54"系列的不同之处在于工作温度范围不同，"74"系列属于民品，工作温度范围为 0～70℃；"54"系列属于军品，工作温度范围为 -55～125℃，字母 LS 的意思是"低功耗肖特基器件"。字母 CT 和 CC 分别代表中国制造的 TTL 和 CMOS 集成电路产品。对于管脚排列次序，一般将正面朝向自己，由左下角第一个管脚起，按逆时针次序转一周为引脚编号顺序，对于 14 管脚的集成芯片，一般都是 7 脚接地，14 脚接正电源 +5V，对于 16 管脚的集成芯片，一般都是 8 脚接地，16 脚接正电源 +5V。

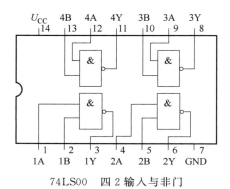

74LS00　四 2 输入与非门

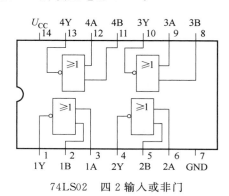

74LS02　四 2 输入或非门

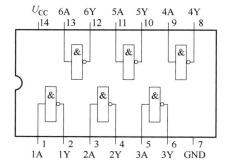

74LS04　六反相器

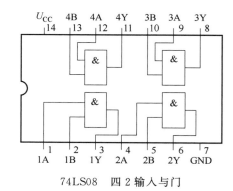

74LS08　四 2 输入与门

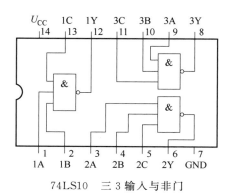

74LS10　三 3 输入与非门

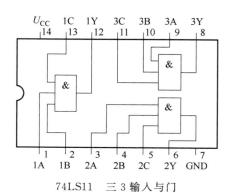

74LS11　三 3 输入与门

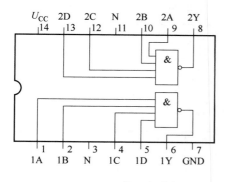

74LS20　双 4 输入与非门

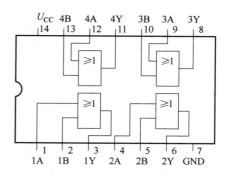

74LS32　四 2 输入或门

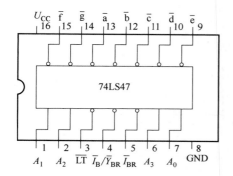

74LS47　BCD-七段译码器/驱动器

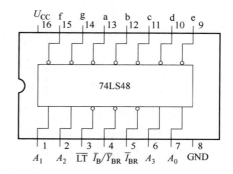

74LS48　BCD-七段译码器/驱动器

请注意，74LS47 BCD 七段译码器正是本教材中所讲到的共阳极接法的七段驱动器，而 74LS48 则是共阴极接法的七段驱动器。

注：A_3、A_2、A_1、A_0 为比较器量值 A 输入端；B_3、B_2、B_1、B_0 为比较器量值 B 输入端；$F_{A<B}$、$F_{A=B}$、$F_{A>B}$ 为输出端，分别与下一级的输入端 A＜B、A＝B、A＞B 对应相连。

请注意，这里的八选一数据选择器与教材中所讲到的稍有不同，5 脚和 6 脚分别为正、反两种输出，用来满足不同需要，7 脚为功能控制端。

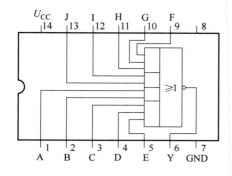

74LS54　四路 2-3-3-2 输入与或非门

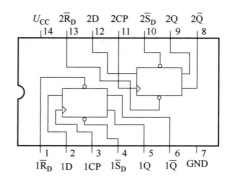

74LS74　双上升沿 D 型触发器

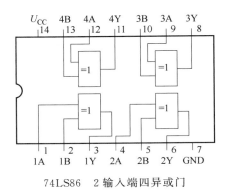

74LS86　2 输入端四异或门

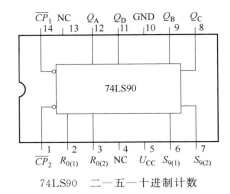

74LS90　二—五—十进制计数

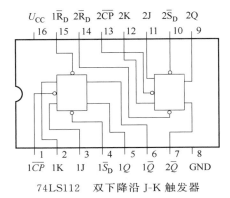

74LS112　双下降沿 J-K 触发器

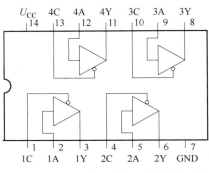

74LS125A　三态输出的四总线缓冲门

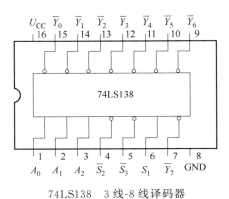

74LS138　3 线-8 线译码器

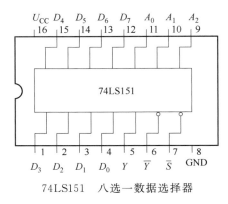

74LS151　八选一数据选择器

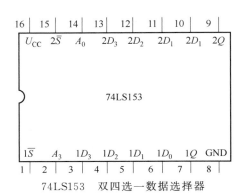

74LS153　双四选一数据选择器

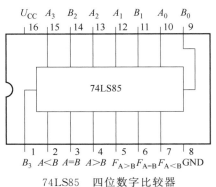

74LS85　四位数字比较器

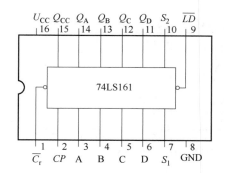

74LS161 功能表

输　入									输　出			
CP	$\overline{C_r}$	$\overline{LD}$	S_1	S_2	A	B	C	D	Q_A	Q_B	Q_C	Q_D
ϕ	0	ϕ	ϕ	ϕ	ϕ	ϕ	ϕ	ϕ	0	0	0	0
↑	1	0	ϕ	ϕ	A	B	C	D	A	B	C	D
ϕ	1	1	0	ϕ	ϕ	ϕ	ϕ	ϕ	保持			
ϕ	1	1	ϕ	0	ϕ	ϕ	ϕ	ϕ	保持			
↑	1	1	1	1	ϕ	ϕ	ϕ	ϕ	计数			

74LS161　四位二进制同步计数器

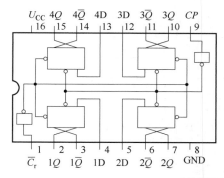

74LS175 功能表

输　入			输　出	
$\overline{C_r}$	D	CP	Q	$\overline{Q}$
0	ϕ	ϕ	0	1
1	1	↑	1	0
1	0	↑	0	1
1	ϕ	0	Q_0	$\overline{Q}_0$

74LS175　四上升沿 D 型触发器

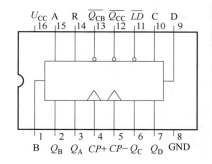

74LS192 功能表

输　入								输　出			
R	LD	CP+	CP−	A	B	C	D	Q_A	Q_B	Q_C	Q_D
1	ϕ	ϕ	ϕ	ϕ	ϕ	ϕ	ϕ	0	0	0	0
0	0	ϕ	ϕ	A	B	C	D	A	B	C	D
0	1	↑	1	ϕ	ϕ	ϕ	ϕ	加法计数			
0	1	1	↑	ϕ	ϕ	ϕ	ϕ	减法计数			

74LS192　可预置 BCD 可逆计数器（双时钟）

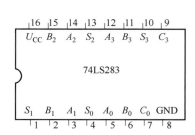

74LS283　四位二进制超前进位全加器

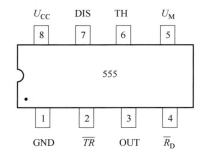

555 定时器引脚图

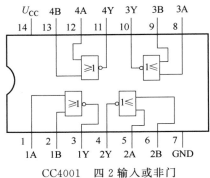

CC4001　四2输入或非门

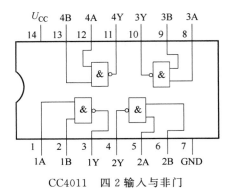

CC4011　四2输入与非门

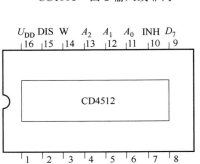

CD4512　八路数据选择器

CD4512 功能表

输入	A_2	0	0	0	0	1	1	1	1		
	A_1	0	0	1	1	0	0	1	1	ϕ	ϕ
	A_0	0	1	0	1	0	1	0	1	ϕ	ϕ
	INH	0	0	0	0	0	0	0	0	1	ϕ
	DIS	0	0	0	0	0	0	0	0	0	1
	W	D_0	D_1	D_2	D_3	D_4	D_5	D_6	D_7	0	高阻

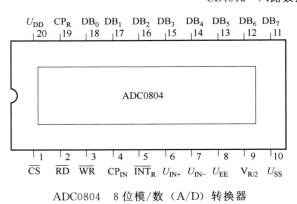

ADC0804　8位模/数（A/D）转换器

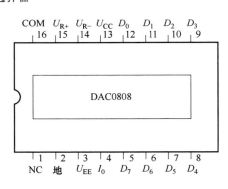

DAC0808　八位 D/A 变换器

附录 C　常用电子元件的基础知识

附录 D　常用半导体器件的识别及型号命名法

参 考 文 献

［1］ 金凤连. 模拟电子技术基础实验及课程设计［M］. 北京：清华大学出版社，2009.

［2］ 程勇. 实例讲解 Multisim 10 电路仿真［M］. 北京：人民邮电出版社，2011.

［3］ 李宁. 模拟电路实验［M］. 北京：清华大学出版社，2011.

［4］ 周淑阁. 模拟电子技术实验教程［M］. 南京：东南大学出版社，2008.

［5］ 廉玉欣. 电子技术基础实验教程［M］. 北京：机械工业出版社，2010.

［6］ 胡宴如. 模拟电子技术基础［M］. 第 2 版. 北京：高等教育出版社，2012.

［7］ 邹学玉，佘新平. 模拟电路设计·仿真·测试［M］. 北京：电子工业出版社，2014.

［8］ 毕满清. 模拟电子技术实验与课程设计［M］. 北京：机械工业出版社，2013.

［9］ 彭介华. 模拟电子技术课程设计［M］. 北京：高等教育出版社，2009.

［10］ 张维. 模拟电子技术实验［M］. 北京：机械工业出版社，2015.

［11］ 杨志忠. 数字电子技术［M］. 第 3 版. 北京：高等教育出版社，2008.

［12］ 尹常永. 电子技术［M］. 北京：高等教育出版社，2008.

［13］ 孔凡才，周良权. 电子技术综合应用创新实训教程［M］. 北京：高等教育出版社，2008.

［14］ 陈国庆，贾卫华. 电子技术基础实训教程［M］. 北京：北京理工大学出版社，2008.

［15］ 康华光. 电子技术基础数字部分［M］. 第 5 版. 北京：高等教育出版社，2006.

［16］ 李士军. 电子技术实验与课程设计［M］. 长春：吉林大学出版社，2008.

［17］ 付扬. 电路与电子技术实验教程［M］. 北京：机械工业出版社，2007.

［18］ 赵利民，张欣，于海雁. 电子技术实验教程［M］. 北京：机械工业出版社，2008.

［19］ 安兵菊. 电子技术基础实验及课程设计［M］. 北京：机械工业出版社，2007.

［20］ 袁小平. 电子技术综合设计教程［M］. 北京：机械工业出版社，2008.

［21］ 李国丽，刘春，朱维勇. 电子技术基础实验［M］. 北京：机械工业出版社，2007.

［22］ 杨志忠. 电子技术课程设计［M］. 北京：机械工业出版社，2008.